pharma technologie journal

Ausgabe „IT-Trends im GxP-Umfeld“

pharma technologie journal

IT-Trends im GxP-Umfeld

Technologien · Qualitätssicherung · Validierung

Herausgeber: CONCEPT HEIDELBERG

ECV EDITIO CANTOR VERLAG AULENDORF

Bibliografische Information der Deutschen Bibliothek

Die Deutsche Bibliothek verzeichnet diese Publikation in der Deutschen Nationalbibliografie; detaillierte bibliografische Daten sind im Internet über http://dnb.ddb.de abrufbar.

ISBN 978-3-87193-302-8

ECV · Editio Cantor Verlag im Internet unter www.ecv.de

Satz: Reemers Publishing Services GmbH, Krefeld
Druck: Druckerei & Verlag Steinmeier GmbH & Co.KG, Deiningen

ISSN 0931-9700

Vorwort

Nach fünf Jahren wurde jetzt wieder ein Journal zur Validierung von Computersystemen zusammengestellt. Im IT-Bereich hat sich inzwischen sehr viel getan: die Komplexität der Systeme ist noch größer geworden, webbasierte Applikationen mit Single-Sign-On, vor dem man noch im GxP-Bereich zurückgeschreckt ist, sind nunmehr Standard und auch vonseiten der Behörden akzeptiert.

Die in der Revision des Annex 11 zum EU-GMP-Leitfaden aufgeführten neuen bzw. weitergehenden Anforderungen, z. B. an den Review von Audit Trails, die Testung von Business-Continuity-Plänen und die geforderte elektronische Unterschrift bei Chargenfreigaben, werden den Softwarelieferanten gute Aufträge und der pharmazeutischen Industrie hohe Kosten bei der Implementierung bescheren. Auch die Umsetzung des Annex 16 dürfte erheblichen Einfluss auf das Design der Systeme zur Chargenverwaltung und -rückverfolgung haben und teure Anpassungen der User Interfaces erfordern.

Auf der Seite der Nutzer sind die Wünsche v. a. im Hinblick auf leichte Bedienung und Mobilität extrem gewachsen. iPad, iPhone und ihre zahllosen Konkurrenten haben den Markt erobert und machen auch nicht vor dem regulierten Bereich Halt. Firmenspezifische GxP-Apps sind auf dem Vormarsch, trotz erheblicher Risiken in punkto Sicherheit und Kontrolle: der Appetit der Nutzer nach „coolen" Devices ist ungebrochen und wird von den fallenden Preisen weiter gefördert.

Das Thema Cloud-Computing ist auf dem Höhepunkt: CIOs werden von den niedrigen Preisen der Anbieter geködert, die internen IT-Infrastrukturressourcen zugunsten von Cloud-Service-Providern abzubauen. Die von den Qualitätsfunktionen mit erhobenem Zeigefinger dargelegten Konsequenzen in punkto Datenverfügbarkeit und -integrität spielen dabei meist nur eine untergeordnete Rolle für die Entscheidung. Für die Validierung sind dabei neue Ansätze zu etablieren und Neuland in Sachen Qualität zu betreten; das erfordert von den Kolleginnen und Kollegen, die in die Validierung eingebunden sind, ein großes Maß an Flexibilität.

Für unser Heft haben wir wieder eine ganze Anzahl namhafter Autoren aus Industrie, Consulting und Lieferanten gebeten, ihre Erfahrungen mit entsprechenden Beispielen zur Verfügung zu stellen. Das Ergebnis kann sich sehen lassen: alle Arbeiten sind vom Praktiker für den Praktiker geschrieben und helfen bei der kostensparenden Umsetzung der oft in den Regularien nicht genau definierten Anforderungen.

Wir wünschen Ihnen viel Freude beim Lesen und hoffen, dass Ihnen die Beiträge dabei helfen, die richtige Lösung für Ihr Unternehmen zu finden. Bitte kontaktieren Sie die Autoren bei Fragen.

Die Arbeiten in der vorliegenden Ausgabe des *pharma technologie journals* wurden in gewohnter und bewährter Weise von einem wissenschaftlichen Beirat ausgewählt und beurteilt, dem folgende Mitglieder angehören:

Dipl.-Ing. Eberhard Münch
Albrecht GmbH, Langen

Dr. Heinrich Prinz
PDM-Consulting, Groß-Zimmern

Dr. Wolfgang Schumacher
F. Hoffmann-La Roche AG, Basel (Schweiz)

Im Rahmen der wissenschaftlichen Schriftenreihe *pharma technologie journal* werden Praxisberichte publiziert, die eine effiziente Umsetzung von GMP-Anforderungen im betrieblichen Alltag aufzeigen.

Das *pharma technologie journal* wird seit 1980 von CONCEPT HEIDELBERG herausgegeben. Mit der Ausgabe „Aktuelle Aspekte der Pharma-Technik" (1999) ging die Betreuung der Schriftenreihe in ständiger Abstimmung sowohl mit dem Herausgeber als auch mit dem wissenschaftlichen Beirat zum ECV Editio Cantor Verlag nach Aulendorf.

Das *pharma technologie journal* wird in unregelmäßigen Abständen weitergeführt.

CONCEPT HEIDELBERG
Rischerstraße 8
69123 Heidelberg (Germany)

Tel.: +49 (0)6221-84 440
Fax: +49 (0)6221-844 484
E-Mail: info@concept-heidelberg.de
Internet: www.gmp-navigator.com

Inhalt

Teil 1
Technologien

- *Virtuelle Systeme im GxP-Umfeld: Technologie und Compliance*
- *Cloud-Computing: Ein Validierungsansatz für Cloud-basierte Systeme*
- *Enterprise-Managementsysteme als Basis für GxP-Compliance in der Life-Science-Industrie*
- *Mobile Devices: Chancen und Risiken im GMP-Umfeld*
- *SAP im GMP-Umfeld*
- *Scrum im regulierten Umfeld*

Virtuelle Systeme im GxP-Umfeld: Technologie und Compliance

Yves Samson

Kereon AG,
Basel (Schweiz)

Zusammenfassung

Während der letzten 15 Jahre hat die rasante Entwicklung der Hardwareleistung auch beim PC den allgemeinen Einsatz von virtuellen Maschinen möglich gemacht. Diese Technologie ermöglicht die Konsolidierung von Rechner-Farmen, den Aufbau von preiswerten Testumgebungen, den weiteren Betrieb von obsoleten Systemen sowie den Entwurf von zuverlässigen Betriebskontinuitätsmaßnahmen. Selbst wenn die Virtualisierung keine „Wunderlösung" darstellt, kann diese Technologie zur Lösung von unterschiedlichen Problemen beitragen. Trotzdem erfordert der Einsatz von virtuellen Lösungen im GxP-Umfeld eine konforme Vorgehensweise.
Dieser Beitrag stellt verschiedene Einsatzszenarien von Virtualisierungstechnologien sowie mögliches effizientes und GxP-konformes Vorgehen vor.

Abstract

Virtualised Systems in a GxP-regulated Environment
Within the last 15 years, the hardware performance of computer systems – including by personal computers – enables the deployment of virtual machines. Such a technology makes it possible to consolidate server-farms, to build affordable test environments, to maintain obsolete systems operational over the years, to design and to deploy easily business continuity measures. Without being a "wonder solution", virtualisation represents a significant technology enabler for solving various problems. Nevertheless the use and the deployment of virtual systems until virtual infrastructure within GxP-regulated environments require to be performed in a compliant manner.
This section presents different application scenarios as well as an efficient approach to maintain GxP compliance by deploying virtualisation.

Key words GxP-Umfeld · CSV · Virtualisierung · Betriebskontinuität · Archivierung · Konformität

1. Einleitung

Selbst wenn die pharmazeutischen Regularien den Einsatz von Systemen und Technologien bei der Unterstützung von GxP-relevanten Aktivitäten regeln und immer beachtet werden müssen, sollten diese Regularien grundsätzlich nicht als Innovationshemmer wahrgenommen werden. Der Einsatz von virtualisierten Systemen sowie von Virtualisierungstechnologien ist im GxP-regulierten Umfeld durchaus möglich, solange die GxP-Anforderungen erfüllt bleiben. Außerdem sollten konsistente Vorgehen ermöglichen, virtuelle Systeme effizient, flexibel und GxP-konform einzusetzen.

Nach der Vorstellung einiger Definitionen und Konzepte wird dieser Beitrag Empfehlungen und Vorgehen sowohl zum Einsatz von virtuellen Systemen als auch zu verschiedenen Einsatzszenarien anbieten. Dennoch werden hier keine Produktempfehlungen gegeben, selbst wenn Produktnamen als Beispiele bei Erläuterungen erwähnt werden.

Aus praktischen Gründen können an dieser Stelle nicht alle Details zur Virtualisierung angesprochen und beschrieben werden. Es werden Grundkonzepte vorgestellt, ohne dabei alle technischen Einzelheiten ausführlich zu beschreiben. Ebenfalls sind die Virtualisierungsmöglichkeiten und -vorgehen abhängig von der jeweiligen Hardwareplattform und der Systemsoftwareumgebung. Zum Beispiel stehen bzgl. der Virtualisierung bei Mainframe oder von AS/400 andere Möglichkeiten und Funktionalitäten dem Betreiber zur Verfügung als bei der Virtualisierung von Arbeitsplatzsystemen bzw. von Servern aus der Intel-x86-Welt, die Linux oder Windows unterstützen.

- Die Virtualisierung von IT-Ressourcen ist bereits in den jungen Jahren (60er Jahren) der Computertechnik entstanden.
  - Zuerst wurden Prozessoren „quasi" virtualisiert, um die begrenzte verfügbare Rechenleistung mehreren Prozessen/Programmen zur Verfügung zu stellen: Multitasking.
  - Insbesondere aufgrund vom Multitasking wurden schnell die Speicherressourcen knapp. Aus diesem Grund wurde die Virtualisierung des Arbeitsspeichers erfunden, um den Prozessen größere (virtuelle) Speicher - als der tatsächlich existierenden Speicher - anzubieten.
- Mit der Entwicklung der Mainframe sind neue Konzepte und Technologien benötigt worden, um die Skalierbarkeit dieser teuren Rechenressourcen zu ermöglichen und um die Verfügbarkeit solcher Systeme zu verbessern. Dabei wurde die vollständige Abstrahierung der Hardwareressourcen erreicht, sodass virtuelle Instanzen ohne direkte Hardwareabhängigkeiten betrieben werden könnten.

2. Definitionen und Virtualisierungskonzepte

2.1 Definitionen

2.1.1 Computergestütztes System im GxP-Umfeld

Der im Jahr 2011 revidierte Anhang 11 [1] zum EU-GMP-Leitfaden hat die Definition eines computergestützten Systems vom PIC/S PI 011-3 [2] Abschnitt 6.2 übernommen (Abb. 1).

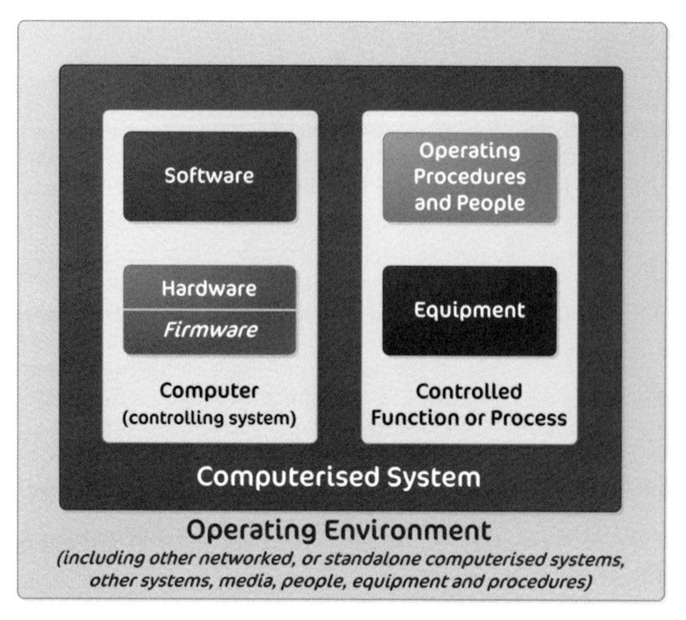

Abb. 1. Definition eines computergestützten Systems gemäß PI 011-3 [2].

Sobald es um computergestützte Systeme in einem GxP-Umfeld geht, sollte diese Definition berücksichtigt werden. In der Tat sollte diese Definition als Grundlage bei der Festlegung des Qualifizierungs- bzw. des Validierungsumfangs eines (virtuellen) Systems dienen.

2.1.2 Virtualisierung

Die Virtualisierung ermöglicht die Trennung (Abstrahierung) zwischen Hardware bzw. Betriebsumgebung und der betroffenen Funktion. Dank der Virtualisierung ist es möglich, Informatikressourcen aufzuteilen, zusammenzufassen bzw. zu konsolidieren. Dabei werden die technischen Aspekte und Details der Plattform bzw. der Infrastruktur im Rahmen der Abstrahierung der Ressourcen verkapselt.

Die Virtualisierung sollte nicht allein auf die Virtualisierung von Servern beschränkt werden, sondern diese betrifft u. a.:

- Rechenressourcen (CPU-Leistung)
- Anwendungen
- Massenspeicher
- Netzwerke
- Rechner – sowohl Server als auch Arbeitsplatz-Rechner und Arbeitsumgebungen
- IT-Infrastruktur

Basierend auf dieser Trennung zwischen den gewünschten Funktionen und den Hardwareressourcen können sogar ganze IT-Infrastrukturen virtualisiert werden, d. h. ohne direkte Abhängigkeit von der eigentlichen Hardware.

2.2 Virtualisierungskonzepte

2.2.1 Rechnervirtualisierung: Rechner im Rechner

Bei der Rechnervirtualisierung werden virtuelle Systeme – sog. Gastsysteme – auf einem Hardwaresystem – sog. Hostsystem – als Container ausgeführt (Abb. 2). Es können sowohl Servermaschinen als auch Arbeitsplatzsysteme virtualisiert werden. Der bedeutende Leistungszuwachs der mobilen Systeme (Laptop, sogar Ultrabook) macht es möglich, auch auf solchen Hardwareplattformen virtuelle Maschinen zu betreiben.

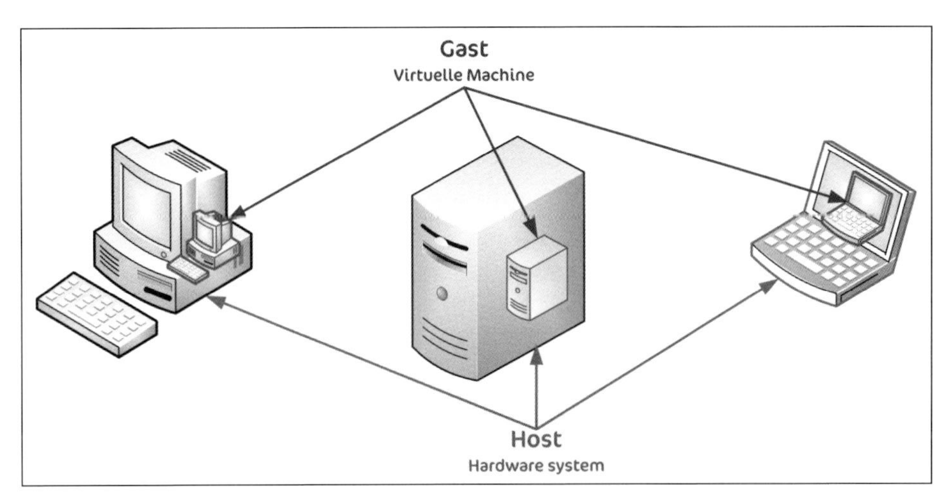

Abb. 2. Rechnervirtualisierung: der Rechner im Rechner.

2.2.2 Hypervisors – Virtual Machine Monitor (VMM)

Um einen Rechner zu virtualisieren, wird eine spezielle Systemsoftware – ein sog. Hypervisor (auch „Virtual Machine Monitor" [VMM] genannt) – eingesetzt. Es existieren zwei Typen von Hypervisoren (Abb. 3):

- Typ-1-Hypervisor (native)
  Läuft auf „Bare Metal", d. h., es wird kein Betriebssystem auf dem Hardwaresystem benötigt. Ein Typ-1-Hypervisor (z. B. VMware ESXi bzw. vSphere) wird mit den Rechenressourcen sehr effizient umgehen, jedoch werden die passenden Treiber zur jeweiligen Hardwareplattform benötigt.
- Typ-2-Hypervisor (hosted)
  Ein solcher Hypervisor ist eine Applikation (z. B. Oracle Virtualbox, VMware Workstation, Microsoft Virtual PC), die ein vollwertiges Betriebssystem auf der Hardwareplattform voraussetzt. Die Treiber für die Hardware werden über das Betriebssystem des Hostsystems zur Verfügung gestellt. Selbst wenn bemerkbare Fortschritte in den letzten Jahren gemacht worden sind, „verschleißen" Typ-2-Hypervisoren etwas mehr Ressourcen als Typ-1-Hypervisoren.

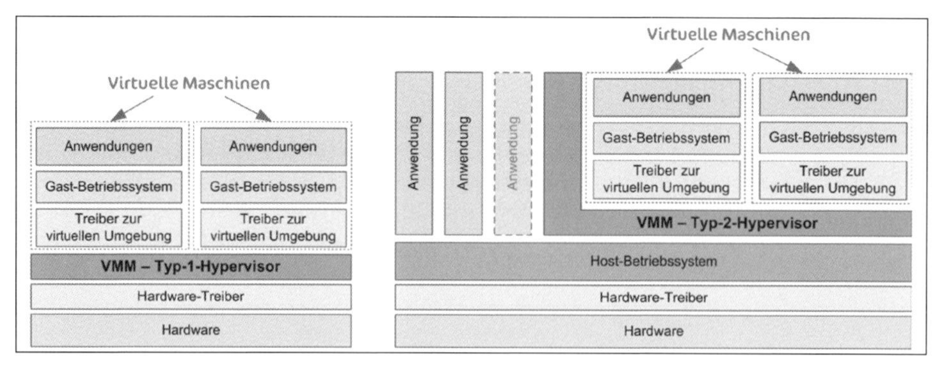

Abb. 3. Typ-1- und Typ-2-Hypervisoren.

2.2.3 Skalierbarkeit

Durch den Einsatz von Typ-1-Hypervisoren wird der Aufbau von Hardwareverbunden ermöglicht, um die Rechenleistung besser skalieren zu können sowie um die Verfügbarkeit der Hardwareplattform zu erhöhen (Abb. 4).

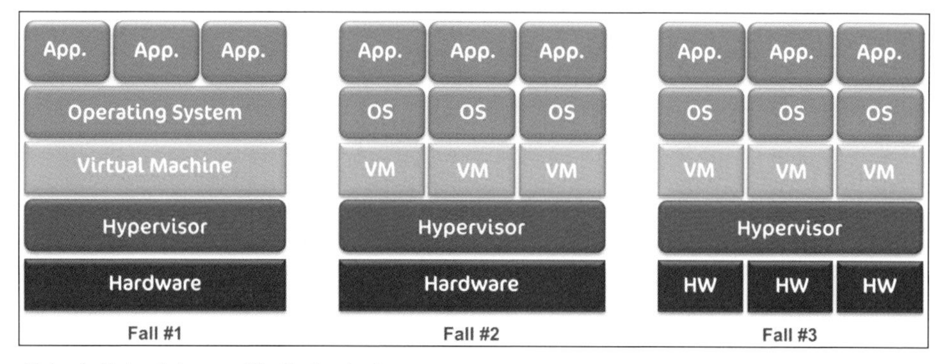

Abb. 4. Beispiele von Skalierbarkeit.

- **Beispiel 1**
  Eine Hardwareplattform (PC bzw. Server) mit einem Hypervisor, welcher eine virtuelle Maschine betreibt, die eine oder mehrere Anwendungen (Applikation) unterstützen kann.
- **Beispiel 2**
  Eine Hardwareplattform (PC bzw. Server) mit einem Hypervisor, welcher mehrere virtuelle Maschinen betreibt.
- **Beispiel 3**
  Die Hardwareplattform besteht aus mehreren einzelnen Rechnern (sog. „Knoten"), die mithilfe des Hypervisors als Verbund betrieben werden können. Dabei werden die virtuellen Maschinen hardwareunabhängig betrieben. Beim Ausfall eines Knotens sorgt der Hypervisor dafür, dass die virtuellen Maschinen, die auf diesem ausgefallenen Knoten betrieben wurden, automatisch auf anderen Knoten (oft ohne Betriebsunterbruch) verschoben werden.

2.2.4 Virtualisierung von Massenspeichern

Die Virtualisierung von Massenspeichern ermöglicht, (beliebig) viele einzelne Festplatten als eine – oder mehrere – viel größere (virtuelle/logische) Festplatten zu aggregieren (Abb. 5).

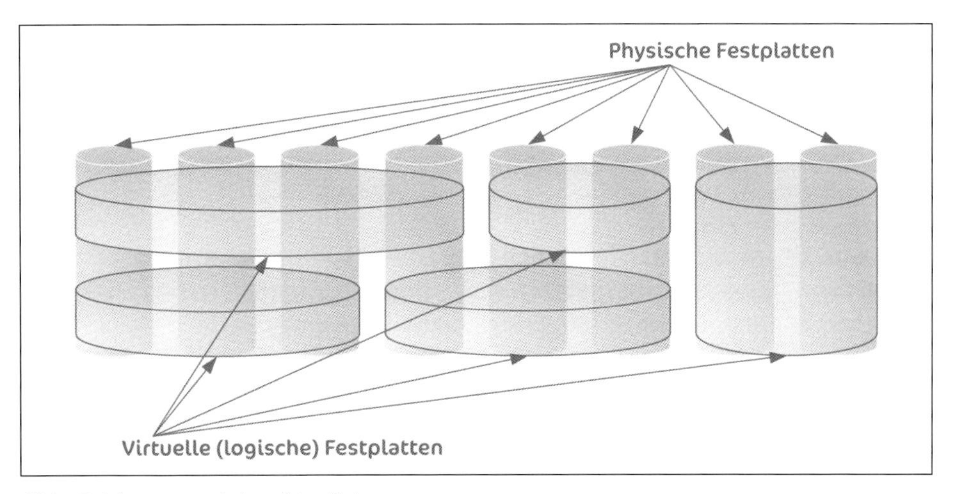

Abb. 5. Massenspeichervirtualisierung.

Gleichzeitig können Mechanismen zur Erhöhung der Zuverlässigkeit und der Verfügbarkeit dieser virtuellen Massenspeicher eingesetzt werden. Zum Beispiel werden die einzelnen Festplatten in einem oder mehreren Redundant-Array-of-Independent-Disks(RAID)-Verbünden aggregiert (es ist zu merken, dass die ursprüngliche Definition von RAID lautete: „Redundant Array of Inexpensive Disks").

Im Rahmen von IT-Infrastrukturvirtualisierung werden typischerweise SAN – Storage Area Network – seltener NAS – Network Attached Storage – für die Virtualisierung des Massenspeichers eingesetzt. Falls nötig, können ganze Speichereinheiten auf SAN-Ebene zwischen verschiedenen Standorten repliziert bzw. gespiegelt werden. Ein solches Design trägt wesentlich zu einer lückenlosen Planung der Geschäftskontinuität bei.

SAN bzw. NAS ermöglichen es, Server bzw. Knoten und Massenspeicher voneinander zu trennen (Abb. 6).

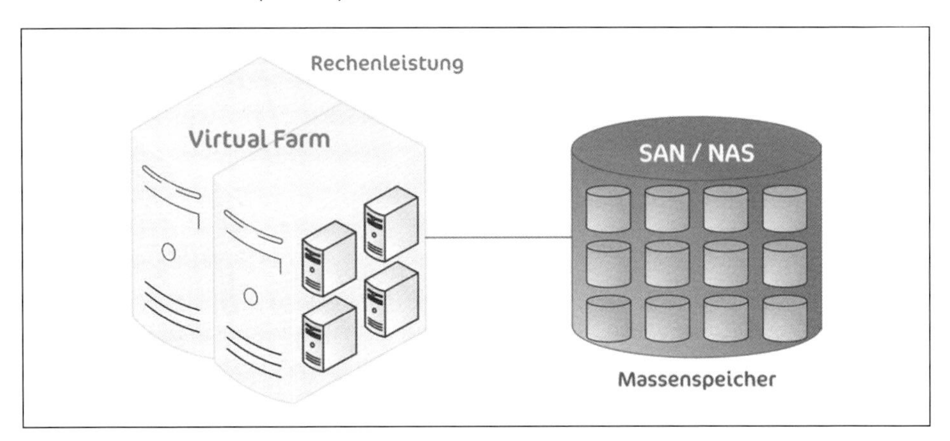

Abb. 6. Trennung zwischen Rechenleistung und Massenspeicher.

2.2.5 Virtualisierung von Anwendungen

Während der Aufbau von virtuellen Maschinen die Installation und die Konfiguration eines vollwertigen Betriebssystems voraussetzt, wird eine virtualisierte Anwendung in einem Container – ausführbare Datei – verpackt. Dabei werden die für die Anwendung notwendigen Ressourcen in dieser Laufumgebung mitverpackt. Es wird ein Virtualisierungstool (z. B. VMware Thinapp, Novell ZENworks Application Virtualization, Microsoft App-V) verwendet, um diesen Container zu erstellen.

Durch die Virtualisierung kann eine Anwendung isoliert von der Arbeitsumgebung und ohne Rückwirkung auf diese (z. B. Veränderung der Registrierung) in einer separaten Laufumgebung laufen.

Dieses Verfahren ist für die folgenden Fälle besonders geeignet:

- weitere Bereitstellung von älteren (legacy) Versionen einer Applikation (aus Kompatibilitätsgründen) zusätzlich zur aktuellen Version
  z. B. gleichzeitiges Betreiben von Internet Explorer 6 und dessen aktueller Version
- Einfrieren einer qualifizierten Laufumgebung
  z. B. Einfrieren einer spezifischen Java-Version für eine qualifizierte Applikation, ohne dabei weitere Java-Updates innerhalb der normalen Arbeitsumgebung zu sperren
- Unverträglichkeiten zwischen Applikationen
- Notwendigkeit, Applikationen aus Sicherheitsgründen zu isolieren

Die Virtualisierung von Anwendungen benötigt weniger Ressourcen als die Erstellung und der Betrieb von kompletten virtuellen Maschinen. Virtualisierte Anwendungen sind einfach zu verteilen: in den meisten Fällen einfache Bereitstellung des Applikationscontainers ohne spezifische Installation auf dem lokalen Rechner.

Es ist jedoch anzumerken, dass nicht alle Anwendungen virtualisiert werden können. Die genaue Machbarkeit einer solchen Anwendungsvirtualisierung sollte immer untersucht werden, bevor endgültige Entscheidungen getroffen werden.

2.2.6 Desktopvirtualisierung – VDI – Virtual Desktop Infrastructure

Bei der Desktopvirtualisierung werden die einzelnen Arbeitsumgebungen als virtuelle Maschinen auf einem Server bzw. einer Serverfarm betrieben. In diesem Fall verfügen die Benutzer über einfache Arbeitsplatzrechner, worüber sie mittels einer Remote-Desktopapplikation auf ihrer jeweiligen virtualisierten Arbeitsumgebung (Desktop) zugreifen (Abb. 7).

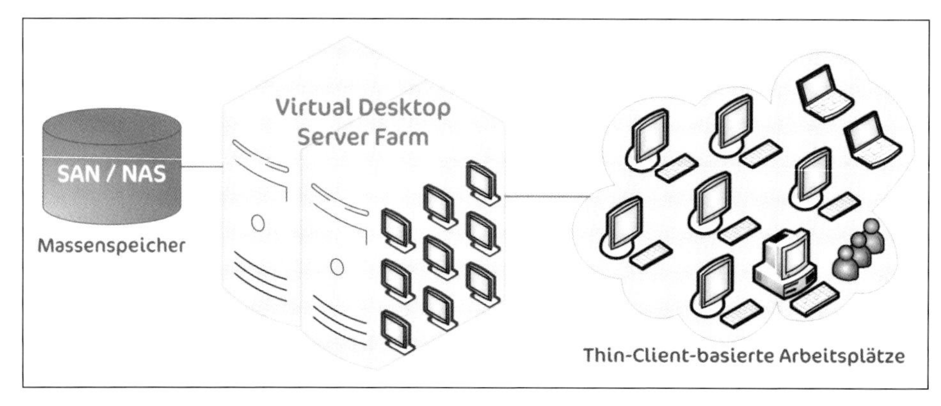

Abb. 7. Desktopvirtualisierung.

Die Desktopvirtualisierung ermöglicht es, alle Arbeitsumgebungen zentral zu verwalten und zu betreiben. Dadurch werden die Rechenressourcen optimaler zur Verfügung gestellt und gesteuert. Falls die IT-Infrastruktur es zulässt, sind die virtualisierten Desktops aus der Ferne (über sichere Netzwerk-Verbindungen) erreichbar.

Der Arbeitsplatzrechner verfügt weder über die Daten (diese sind auf dem SAN/NAS gespeichert) noch über die Applikationen (die auf den virtuellen Desktops installiert sind). Bei Verlust oder Schaden eines Arbeitsplatzrechners können somit keine Daten gefährdet werden.

2.2.7 Netzwerkvirtualisierung

Die Virtualisierung von Netzwerken stellt zusätzliche technische Mittel zur Verfügung, um die IT-Infrastruktur zu virtualisieren.

Netzwerke können in zwei verschiedenen Arten virtualisiert werden, als:

- VLAN – Virtual LAN
- VPN – Virtual Private Network

2.2.7.1 Virtual LAN

Der Einsatz von VLAN ermöglicht es, innerhalb einer lokalen Netzwerkinfrastruktur eine Netzwerksegregation durchzuführen. Dabei werden die Sichtbarkeit (Erreichbarkeit) von einzelnen Rechnern bzw. Rechnergruppen genau gesteuert, sodass die Datenflüsse getrennt werden können.

Zugriffe auf Netzwerkressourcen können gezielt gesteuert werden:

- manche Ressourcen können von allen Netzwerkteilnehmern erreichbar sein
- andere Ressourcen werden nur einer begrenzten Gruppe von Netzwerkteilnehmern zur Verfügung gestellt

Der Einsatz von VLAN kann sowohl zur IT-Sicherheit durch die Segregation der Datenflüsse als auch zur Besserung der Nutzung der Netzwerkleistung durch die gezielte Steuerung von Daten beitragen.

2.2.7.2 Virtual Private Network

Ein VPN ermöglicht, den Netzwerkdatenverkehr zwischen zwei Punkten einzukapseln. Dabei wird ein „Tunnel“ mithilfe von Verschlüsselung aufgebaut, welche die eigentliche Kommunikation abhörsicher gegen Dritte macht.

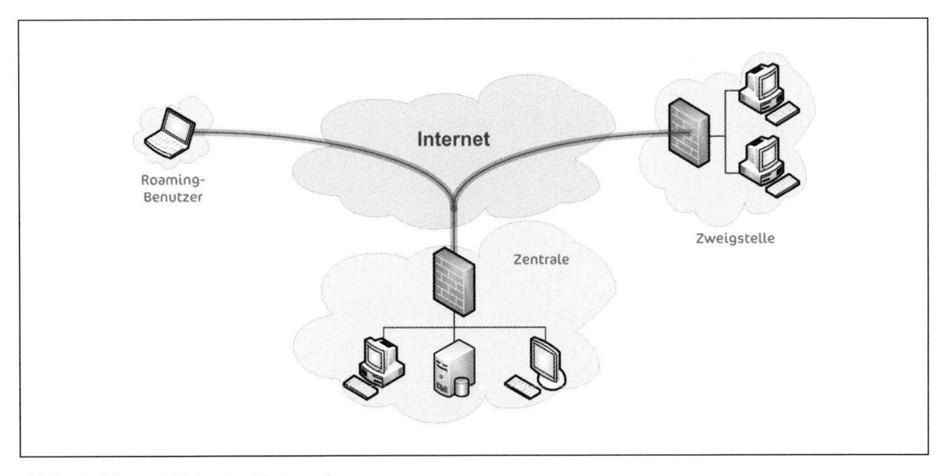

Abb. 8. Virtual Private Network.

Wie in Abb. 8 gezeigt, können VPN unterschiedlich aufgebaut werden:

- zwischen zwei Standorten; z. B. zwischen der Zentrale und einer Zweigstelle einer Organisation
  Dabei werden die benötigten VPN typischerweise zwischen den Firewalls aufgebaut.
- zwischen Roamingbenutzer und einem festen Standort
  In diesem Fall wird eine VPN-Software auf dem mobilen Arbeitsplatzrechner installiert, um die Kommunikation mit der „Außenwelt" zu verschlüsseln.

3. Einsatzszenarien

Virtualisierungsszenarien können sehr vielseitig sein. Dieser Abschnitt erhebt selbstverständlich keinen Anspruch auf Vollständigkeit, denn der Kreativität sind an dieser Stelle so gut wie keine Grenzen gesetzt.

3.1 Konsolidierung der IT-Infrastruktur

Eine der häufigsten Einsatzszenarien der Virtualisierung ist die Konsolidierung von IT-Infrastruktur. Eine solche Konsolidierung erfüllt gleichzeitig und effizient mehrere Zwecke:

- effizienterer Einsatz der verfügbaren Rechenleistung
  - die meisten Server werden selten voll ausgelastet
  - mittels der geeigneten Konfiguration von Typ-1-Hypervisor kann Lastausgleich – Load Balancing – realisiert werden
- Konsolidierung der Datenmanagementaktivitäten
  - die Daten werden zentral mittels SAN bzw. NAS gespeichert
  - eine Replikation der Daten zwischen zwei oder mehr Standorten kann realisiert werden
- zentrale und einheitliche Verwaltung der Server und deren Konfiguration
  - mittels Virtualisierung werden die Installation und die Konfiguration der Server hardwareunabhängig
  - die Betriebskontinuität der verschiedenen Server kann – sogar unterbruchsfrei – realisiert werden
- Verbesserung des Energieverbrauchs – sog. „Green IT"
  - durch die bessere Auslastung der Server kann weniger Strom verbraucht sowie weniger Kühlung benötigt werden

Die Abb. 9 zeigt eine typische, nicht konsolidierte IT-Infrastruktur. Dabei wird für jeden Zweck ein Server eingesetzt. Diese Server verfügen jeweils über Massenspeicher (oft unter- bzw. überdimensioniert) und benötigen entsprechend eine separate Datensicherung.

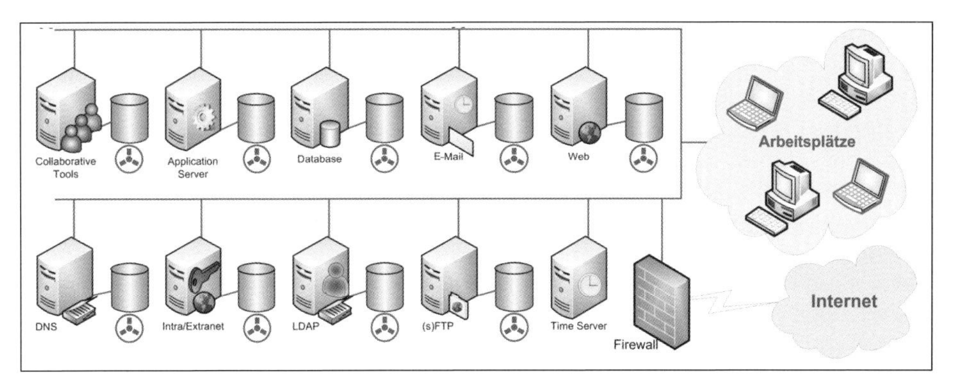

Abb. 9. Nicht konsolidierte IT-Infrastruktur.

Bei einer konsolidierten IT-Infrastruktur (Abb. 10) werden die verschiedenen benötigten Server als virtuelle Maschinen installiert und konfiguriert. Diese virtuellen Maschinen werden last- und bedarfsabhängig auf verschiedenen Knoten betrieben. Diese Knoten können sogar aus Betriebskontinuitätsgründen auf verschiedene Standorte verteilt werden.

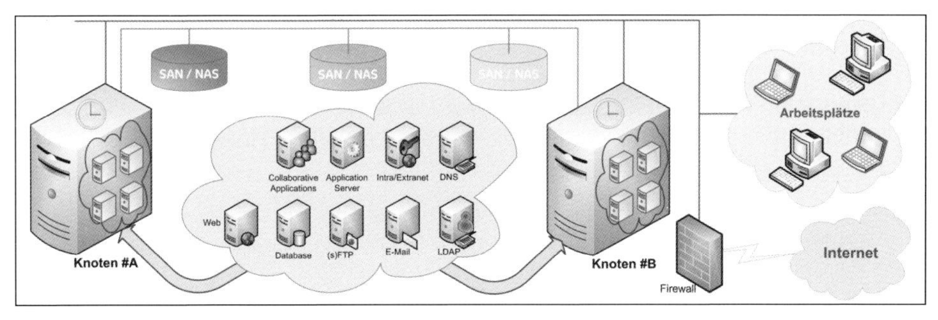

Abb. 10. Konsolidierte IT-Infrastruktur.

Gleichzeitig wird der benötigte Massenspeicher mittels SAN – seltener NAS – realisiert. Wenn dieser Massenspeicher geeignet dimensioniert worden ist, kann er einfach bei Bedarf skaliert bzw. umdisponiert werden. Eine Verteilung sowie eine Replikation der Daten zwischen verschiedenen Standorten kann ebenfalls realisiert werden.

Üblicherweise wird die Datensicherung bei großer Datenmenge hauptsächlich als „Disk-to-Disk" durchgeführt, z. B. auf einer oder mehreren für diesen Zweck dedizierten Speicher-Einheiten. Eine Datensicherung auf Bändern (in diesem Fall mittels Bandbibliothek) wird seltener oder nur als zusätzliche Sicherung ausgeführt.

„Disk-to-Disk"-Sicherungen bringen im Vergleich zur Sicherung auf Bändern die folgenden Vorteile:

- preiswerter
- skalierbarer hinsichtlich Kapazität sowie Geschwindigkeit
- schneller, sowohl beim Sicherungsvorgang als auch bei der Wiedereinspielung von benötigten Daten
- weniger fehleranfällig

3.2 Betreiben von Altsystemen

Eine der größten IT-Herausforderungen für die regulierte pharmazeutische Industrie ist die Fähigkeit, „alte" Systeme aus regulatorischen Gründen am Leben zu erhalten. Sobald die eingesetzte Software und Hardware es zulassen, sollten Legacy-Systeme, die für den Zugriff bzw. die Wiederverarbeitung von alten jedoch regulatorisch benötigten Daten erforderlich sind, virtualisiert werden.

Dabei kann eine frische Installation der benötigten Anwendung in einer dedizierten virtuellen Maschine durchgeführt werden. Es ist aber zu beachten, dass diese neue Installation qualifiziert werden muss, d. h., mindestens eine Installationsqualifizierung (IQ) und, risikobasiert, eine (Teil-)Funktionsqualifizierung (OQ) müssen ausgeführt werden.

Ein anderer Weg ist die Verwendung von sog. Physical-to-Virtual(P2V)-Tools. Solche Tools ermöglichen es, aus einer bestehenden Hardwareinstallation eines Systems („Bare Metal") eine lauffähige virtuelle Maschine zu erzeugen. Trotz der Effizienz und der Zuverlässigkeit solcher Tools sollte mindestens eine Teil-OQ nach der Virtualisierung durchgeführt werden. Der genaue Umfang dieser OQ sollte risikobasiert festgelegt werden.

Zwei wesentliche Randbedingungen könnten die Virtualisierung von Legacy-Systemen verhindern:

- Softwarelizenzprobleme
  - Manche Anwendungen bzw. Middleware (z. B. manche Datenbankmanagementsysteme) lassen sich nicht korrekt aktivieren bzw. sind nicht mehr lauffähig, wenn sie in einer virtuellen Maschine installiert sind.
- Hardwareabhängigkeit
  - Manche alten Laborgeräte benötigen spezielle Hardware – typischerweise für die Schnittstelle zwischen dem Rechner und dem analytischen Gerät –, welche manchmal als eine Art „Dongle" von der Laborgerätsoftware „missbraucht" wird. In diesem Fall ist die Auswertungssoftware solcher Laborgeräte ohne diese dedizierte Hardware nicht lauffähig.
  - Eine solche Situation verhindert nicht nur die Virtualisierung alter Systeme, sondern verpflichtet alte Hardware in einem lauffähigen Zustand aufzubewahren. Wiederum verfügt solche Hardware in den meisten Fällen über Erweiterungseinschübe, die heutzutage nicht mehr auf aktueller Hardware zu finden sind bzw. die unterstützt werden.

3.3 Aufbau von Testumgebungen

Komplexe Rechnerverbunde benötigen aussagekräftige Testumgebungen. Es betrifft z. B.:

- MES – Manufacturing Execution System
- PLS – Prozessleitsystem
- GLS – Gebäudeleitsystem (BMS: Building Management System)
- LIMS – Laboratory Information and Management System
- CDS – Chromatography Data System
- ERP – Enterprise Resource Planning
- WMS – Warehouse Management System

Solche Testumgebungen müssen nicht nur während der Projektierungsphase für die Erstqualifizierung, sondern auch während der Betriebsphase für die Qualifizierung von Änderungen und von Softwareupdates zur Verfügung stehen. Aus wirtschaftlichen Gründen können in den meisten Fällen nicht zwei identische Hardwarekonfigurationen angeschafft und gepflegt werden. Aus diesem Grund ist die Virtualisierung der Testumgebung oder von Teilen davon sehr interessant.

Ganze Rechnerverbunde können mittels virtueller Maschinen aufgebaut werden, ohne dabei viel Hardware (und Platz) in Anspruch zu nehmen.

Ganze Betriebsszenarien, inklusive Disaster Recovery, können abgespielt und getestet werden. Basierend auf der Sicherung von virtuellen Maschinen können Zustände der Testumgebung eingefroren bzw. einfach und schnell wiedereingespielt werden.

Zusätzlich zur Virtualisierbarkeit der zu testenden Konfiguration setzt ein solches Vorgehen mindestens die zwei folgenden Randbedingungen voraus:

- Die virtuelle Testumgebung muss qualifiziert werden – IQ und OQ – und unter Änderungslenkung stehen.
- Die eigentliche Leistung der virtuellen Testumgebung muss vergleichbar mit der Leistung des produktiven Systems sein. In allen Fällen sollte die Leistung der Testumgebung nicht die Leistung des produktiven Systems übertreffen. Ansonsten wären zeitkritische Ergebnisse nicht mehr aussagekräftig.

Unter Beachtung der obigen Voraussetzungen ist der Aufbau von virtuellen Testumgebungen aus regulatorischer Sicht korrekt und zulässig.

3.4 Einsatz von sicheren mobilen Arbeitsplätzen

Mobile Arbeitsplätze – Laptops (sowohl Notebooks als auch Ultrabooks) – stellen eine unsichere und verwundbare Stelle aller Firmen dar. Insbesondere Laptops können schnell ausfallen: Transportschäden, Herunterfallen, Diebstahl etc. Beim Letzteren gehen nicht nur die Hardware und die installierte Software, sondern auch die gespeicherten Daten verloren.

Aufgrund der aktuellen Rechenleistung von solchen mobilen Rechnern ist eine Virtualisierung der Arbeitsumgebung realisierbar, z. B.:

- Hostsystem (hier wird bewusst auf gebührenfreie Software hingewiesen, um die Gesamtlizenzkosten des mobilen Arbeitsplatzes trotz Virtualisierung nicht zu erhöhen)
  - Bare-Metal-Installation eines effizienten Betriebssystems: z. B. Linux
  - Installation eines Typ-2-Hypervisors: z. B. Virtualbox
- Gastsystem/virtuelle Maschine mit der Standardarbeitsumgebung
- Betriebssystem
- Anwendungen

Für eine optimale Flexibilität und eine hohe Datensicherheit sollten mindestens zwei virtuelle Partitionen vorgesehen werden:

- Systempartition, d. h. Container der virtuellen Maschine
  - je nach eingesetztem Betriebssystem und Hypervisor kann die Systempartition verschlüsselt werden
  - selbstverständlich sollte eine VPN-Software installiert werden, um die Vertraulichkeit der Kommunikation mit der Firmen-Infrastruktur zu sichern
- Daten-Partition, d. h. mit den Benutzer- und Projektdaten
  - sinnvollerweise sollte diese Partition verschlüsselt werden

  - zum Zeitpunkt der Drucklegung dieses Beitrags ist TrueCrypt – ein zuverlässiges, sicheres und robustes multiplattformfähiges Verschlüsselungstool – leider eingestellt worden; weitere Entwicklungen sind angekündigt worden; diese neuen kommenden Lösungen sollten noch untersucht werden

Im Fall eines Rechnerdiebstahls ist ein Datenzugriff für Dritte nicht möglich.

Die Vorgehensweise beim Disaster Recovery (inkl. Hypervisor) ist sehr einfach:

- Durchführung der Bare-Metal-Installation auf einem neuen Rechner
- Einspielung der virtuellen Partitionen (VM und Daten) aus der letzten Sicherung

Der Einsatz von virtuellen Maschinen auf mobilen Rechnern ist gerade hier sinnvoll, da die Hardwarespezifikationen von solchen Rechnern besonders kurzlebig sind. Diese Situation macht es sogar unmöglich, eine Installation von einer Standardkonfiguration auf verschiedenen Rechnern, die meistens über unterschiedliche Hardwarekonfigurationen verfügen, mittels Imaging-Verfahrens zuverlässig durchzuführen.

4. Qualifizierungsvorgehen

Es wurden bereits einige Hinweise hinsichtlich der Qualifizierung von virtuellen Lösungen im vorherigen Abschnitt gegeben. Daher wird hier das Vorgehen für den qualifizierten Einsatz von virtuellen Maschinen bei der Konsolidierung von IT-Infrastrukturen beschrieben.

4.1 Grundprinzipien – Ziele: Wie viel ist nötig?

Die Qualifizierung von computergestützten Systemen dient dazu, die Einsatzeignung (fitness for purpose) der Lösung zu belegen sowie deren Robustheit (robustness) und Zuverlässigkeit zu sichern.

Die Frage hinsichtlich „Wie viel ist nötig?" wird häufig gestellt.

- Was wird für eine korrekte Installation und eine sinnvolle Installationsprüfung benötigt?
- Welche Informationen – Konfigurationselemente – werden für den zuverlässigen und raschen Wiederaufbau nach dem Auftritt eines Fehlers (Absturz, Hardwareschaden etc.) benötigt?

Jenseits der „reinen" regulatorischen Qualifizierungsanforderungen werden Informationen und Prozeduren benötigt, um einen sicheren und zuverlässigen Betrieb eines Systems – bzw. einer IT-Infrastruktur – selbst in „Notsituationen" zu gewährleisten.

Mithilfe eines risikobasierten Vorgehens gemäß ICH Q9 [3] und der Hinweise aus GAMP® 5 [4] und dem GAMP®-IT-Infrastruktur-Leitfaden [5] sollte es möglich sein, für jedes Virtualisierungsszenario einen zuverlässigen Umfang der benötigten Qualifizierungsdetails zu ermitteln.

Dass eine Lösung direkt auf der Hardware (Bare Metall) installiert oder virtualisiert ist, macht grundsätzlich bzgl. der Qualifizierung keinen Unterschied: sowohl die Einsatzeignung (fitness for purpose) der Lösung als auch deren Zuverlässigkeit müssen belegt und gesichert werden.

Der Effizienzvorteil der Virtualisierung besteht darin, dass die Aktivitäten zu Datenmanagement, Disaster Recovery, Betriebskontinuität sowie zum Duplizieren

(Klonen) von bereits qualifizierten Konfigurationen besonders einfach zu realisieren sind.

4.2 Grundprinzipien – Virtualisierte computergestützte Systeme

Am Anfang dieses Beitrags wurde bereits das Modell eines computergestützten Systems gemäß [1] und [2] vorgestellt. Dieses Modell kann für virtualisierte computergestützte Systeme gemäß Abb. 11 angepasst werden.

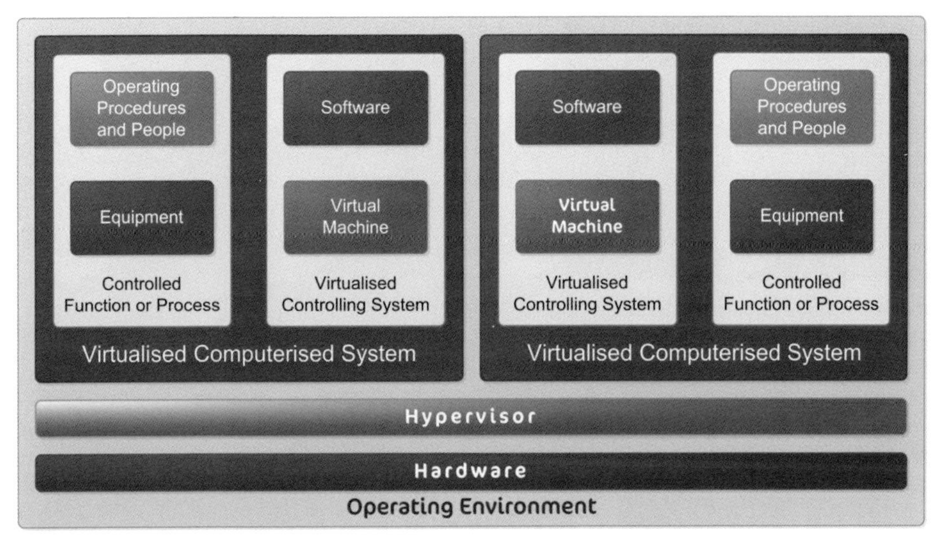

Abb. 11. Virtualisierte computergestützte Systeme.

Der Umfang der benötigten Qualifizierung kann auf die folgenden Punkte fokussiert werden:

- Hardwareplattform
  - Konfiguration
- Hypervisor
  - Installation und Konfiguration
- virtuelle Maschine
  - Installation, Konfiguration und Funktionalität (inklusive Datenmanagement)
- Anwendung
  - Installation, Konfiguration, Funktionalität und Leistung

Wie für Betriebssysteme wird risikobasiert vorausgesetzt, dass die Konfiguration eines Hypervisors spezifiziert und verifiziert werden muss, um dessen Funktionalitäten implizit bei der Durchführung der Qualifizierung der unterstützten virtuellen Systeme zu prüfen.

4.3 Einsatz und Qualifizierung von virtuellen Maschinen innerhalb einer IT-Infrastruktur

4.3.1 Lebenszyklus der Virtualisierungsplattform

Die Abb. 12 zeigt den typischen Lebenszyklus einer Virtualisierungsplattform.

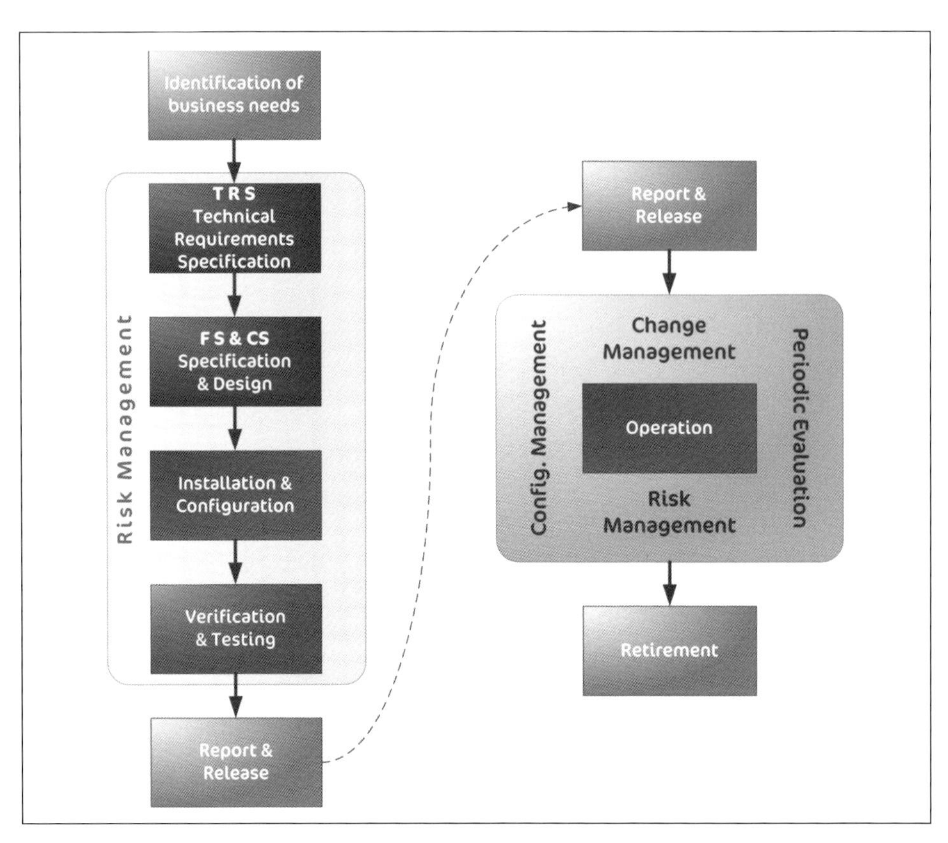

Abb. 12. Lebenszyklus einer Virtualisierungsplattform.

Die technischen Anforderungen (TRS – Technical Requirements Specification) sollten immer am Anfang eines Virtualisierungsprojekts sorgfältig erfasst werden. Nur wenn die Anforderungen klar und konsistent sind, kann ein Projekt erfolgreich werden. Dabei sollte insbesondere auf die Erwartungen hinsichtlich der Verfügbarkeit und der Zuverlässigkeit der Virtualisierungsplattform sowie auf die Betriebsfähigkeit der Organisation geachtet werden.

Tab. 1. Qualifizierungsaktivitäten für die Virtualisierungsplattform.

	Specification & Design			Verification & Testing			
	TRS	FS	CS	CT	FT	RT	
Hypervisor	✓	✓		✓		(✓)	1x / Hypervisor
Hardware	✓		✓	✓		(✓)	1x / Knoten

Könnten mit der entsprechenden CT zusammengefasst werden

Umfang und Detaillierungsgrad der Verifizierungsaktivitäten – CT (Configuration Testing), FT (Functional Testing), RT (Requirements Testing) – sollten risikobasiert von den technischen Anforderungen – TRS, FS (Functional Specification),

CS (Configuration Specification) – abgeleitet werden. Gegebenenfalls können Spezifikationen und Testspezifikationen zusammengefasst werden (Tab. 1).

Nach deren Freigabe muss die Virtualisierungsplattform unter Änderungslenkung gestellt werden. Der Betrieb der Plattform sollte regelmäßig (periodisch) evaluiert werden.

4.3.2 VM-Templates

Der Vorteil einer gut geplanten Virtualisierung ist die Fähigkeit, virtuelle Maschinen, basierend auf „Vorlagen“ (Virtual Machine Template – VM-Template), zu klonen und deren Konfiguration zu finalisieren.

Tab. 2. Qualifizierungsaktivitäten für ein VM-Template.

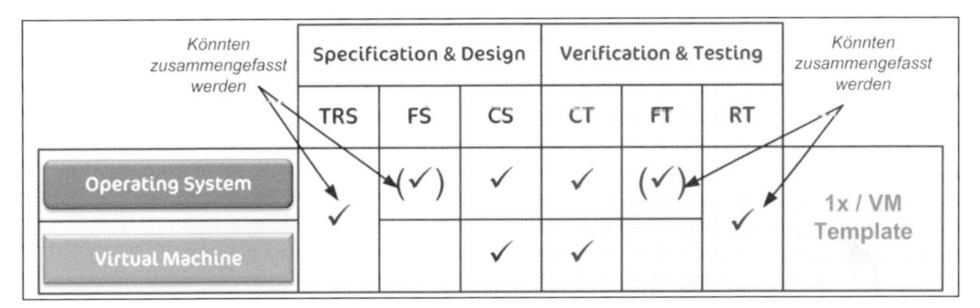

	Specification & Design			Verification & Testing			
	TRS	FS	CS	CT	FT	RT	
Operating System	✓	(✓)	✓	✓	(✓)	✓	1x / VM Template
Virtual Machine			✓	✓			

Ein solches Verfahren setzt jedoch drei wichtige Anforderungen voraus (Abb. 13):

- die VM-Templates müssen sorgfältig entworfen und spezifiziert werden
  - der Nutzen von VM-Templates hängt direkt vom Vervielfältigungsgrad der jeweiligen Templates ab; wenn zu viele VM-Templates gepflegt werden müssen, werden die eigentlichen Verwaltungs- und Qualifizierungsaufwände nicht besonders reduziert
- die Erstellungs- und Qualifizierungsprozesse der VM-Templates müssen gut formalisiert und lückenlos sein (Tab. 2)
  - die Erfassung der benötigten Konfiguration eines VM-Templates muss akkurat und konsistent durchgeführt werden
  - die Überprüfung auf Korrektheit der Konfiguration des VM-Templates muss sorgfältig durchgeführt werden, sodass nur korrekt konfigurierte VM-Templates zur Verteilung freigegeben werden
  - die Freigabe eines VM-Templates muss formell erfolgen
- freigegebene VM-Templates müssen unter Änderungslenkung stehen und gepflegt werden (Abb. 13)
  - VM-Templates sollten regelmäßig und rückverfolgbar aufdatiert werden, sodass der Finalisierungsaufwand beim Einsatz eines VM-Templates so gering wie möglich sein kann

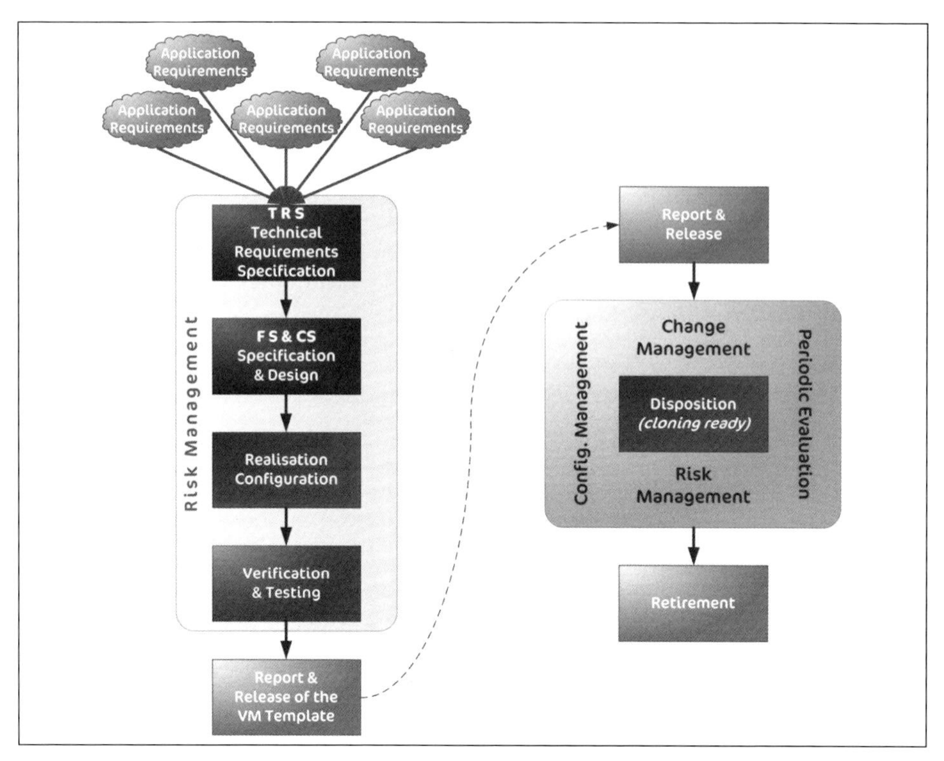

Abb. 13. Lebenszyklus eines VM-Templates.

Um diese Anforderungen konsistent, lückenlos und effizient zu erfüllen, muss die IT-Organisation über ein robustes Qualitätsmanagementsystem verfügen und dieses umsetzen. Dabei können die Empfehlungen aus ASTM E2500-07 [6], insbesondere bzgl. Risikomanagement, Design Review und Änderungslenkung, wahrgenommen werden.

- Wie für alle anderen GxP-relevanten Systeme sollten die Verantwortlichkeiten klar definiert werden:
  - Für eine Virtualisierungsplattform sollte ein Systemeigner – System Owner – ernannt werden. Dieser Systemeigner kann sinngemäß ein Mitarbeiter aus der IT-Organisation sein.
  - Für jede GxP-relevante virtuelle Maschine sollte ebenfalls ein Systemeigner bestimmt werden. Je nach Einsatzzweck der VM kann der Systemeigner ein Mitarbeiter aus der entsprechenden GxP-Abteilung oder aus der IT-Organisation sein.
  - Die Verantwortlichkeit der Systemeigner der Massenspeicher – SAN/NAS – ist sehr kritisch, denn dieser stellt die „letzte Instanz" bzgl. der sicheren und konformen Aufbewahrung der dort gespeicherten Daten dar.
  - Innerhalb eines regulierten pharmazeutischen Unternehmens sollte die IT-Organisation unter der Aufsicht einer GxP-QA-Stelle stehen und eng mit dieser zusammenarbeiten.
  - Es ist sehr empfehlenswert, eine klare Aufgabentrennung zwischen dem Systemeigner und dem Systemadministrator – System Manager – zu pflegen, um das Vieraugenprinzip zu sichern.

Forts. Infokasten nächste Seite

Forts. Infokasten

- Pro Memoria [4]:

  „Der Systemeigner ist die Person, die letztlich verantwortlich ist für die Verfügbarkeit, die Unterstützung und Instandhaltung eines Systems und für die Sicherheit der Daten, die auf diesem System liegen.

  Der Prozesseigner ist die Person, die letztlich verantwortlich ist für den Geschäftsprozess oder den zu verwaltenden Prozess.“

5. Fazit

Die heute verfügbare Rechenleistung von Servern und (mobilen) Arbeitsplatzrechnern ermöglicht den Einsatz von zuverlässigen und robusten virtualisierten Lösungen. Solche Lösungen müssen gut und konsequent, basierend auf klaren Anforderungen, geplant werden.

Nur wenn Anforderungen, Bedürfnisse und Rahmenbedingungen klar definiert sind, sollten Virtualisierungsprojekte umgesetzt werden.

Um solche technischen Lösungen effizient einzusetzen, ist eine gute Planung unabdingbar, sonst werden die Vielseitigkeit der Konfigurationen und die „grenzenlose“ Vervielfältigungsfähigkeit von virtuellen Maschinen schnell dazu führen, dass die IT-Infrastruktur noch komplexer wird und weniger als vorher unter Kontrolle steht.

Virtualisierungsprojekte sollten alle verfügbaren technischen Mittel berücksichtigen, um damit eine sichere, zuverlässigere und robustere IT-Infrastruktur zu bilden und zu betreiben. Dabei müssen nicht nur die GxP-Anforderungen, sondern auch die Geschäftsanforderungen – insbesondere bzgl. Informationssicherheit, Betriebskontinuität und -fähigkeit – wahrgenommen werden. Die Technologie ermöglicht sehr viel, sie muss jedoch mit Vernunft eingesetzt werden, um effizient zu bleiben.

Literatur

[1] EG-Leitfaden der guten Herstellungspraxis, Anhang 11: Computergestützte Systeme, BAnz Nr. 125, S. 2901–2906; 2011.

[2] PIC/S Good Practices for Computerised Systems in regulated GxP environments (Guidance PI 011-3); 2007. Available on www.picscheme.org/publication.php. Letzter Zugriff: 21.12.2014.

[3] ICH Harmonised Tripartite Guideline Q9: Quality Risk Management; 2005. www.ich.org. Letzter Zugriff: 21.12.2014.

[4] GAMP® 5: Ein risikobasierter Ansatz für konforme GxP-computergestützte Systeme, Version 5, ISPE; 2008. www.ispe.org. Letzter Zugriff: 21.12.2014.

[5] GAMP® Good Practice Guide: IT Infrastructure Control and Compliance, Version 1, ISPE; 2005. www.ispe.org. Letzter Zugriff: 21.12.2014.

[6] ASTM E2500-07: Standard Guide for Specification, Design and Verification of Pharmaceutical and Biopharmaceutical Manufacturing Systems and Equipment, ASTM International; 2007. www.astm.org. Letzter Zugriff: 21.12.2014.

Korrespondenz: Yves Samson, Kereon AG, Mühlhauserstrasse 113, CH-4056 Basel (Schweiz), E-Mail: yves.samson@kereon.ch

Cloud-Computing: Ein Validierungsansatz für Cloud-basierte Systeme

James Greene
Rescop GmbH, Müllheim
Dr. Stephan Müller
DHC Dr. Herterich & Consultants GmbH, Saarbrücken
Jessica Zimara
Valcoba AG, Muttenz (Schweiz)

Zusammenfassung

Der Artikel betrachtet die verschiedenen Service-Modelle für Cloud-basierte Lösungen. Weiterhin wird auf die Bedingungen eingegangen, die berücksichtigt werden müssen, wenn Cloud-basierte Lösungen im GxP-regulierten Umfeld eingesetzt werden sollen. Dies wird anhand zweier Beispiele für eine SaaS- und eine PaaS-Anwendung vertieft.

Abstract

Cloud Computing: A Validation Approach for Cloud-based Systems
This article presents the most common service models for cloud computing-based solutions and the conditions that must be taken into account if you want to use cloud-based solutions in a GxP-regulated environment. Two examples, based on the SaaS and PaaS application models, round out the presentation of this topic.

Key words Cloud-Validierung · IaaS · PaaS · SaaS · Cloud-basierte Systeme · Cloud-Computing

1. Einleitung

Cloud-Computing – Eine „Daten- oder Rechnerwolke" – ist ein Sammelbegriff für verschiedene internetbasierte Dienstleistungsangebote. In diesem Beitrag werden zu Beginn die verschiedenen Service- und Liefermodelle betrachtet. Nach einer Analyse der Vor- und Nachteile, die die Verwendung von Cloud-basierten Lösungen bieten, werden die Anforderungen an den Einsatz im GxP-regulierten Umfeld bzgl. Implementierung und Betrieb betrachtet. In zwei Beispielen, eins für den Fall einer SaaS-Lösung und eins für den Fall einer PaaS-Lösung, werden diese Punkte weiter vertieft.

2. Liefermodelle bei Cloud-Computing

Die Definition des National Institute for Standards and Technology (NIST) nennt vier Liefermodelle für Cloud-Computing [2]:

Public Cloud – die öffentliche Rechnerwolke – bietet Zugang zu abstrahierten IT-Infrastrukturen für die breite Öffentlichkeit über das Internet. Public-Cloud-Dienstanbieter erlauben ihren Nutzern, IT-Infrastruktur auf einer flexiblen Basis des Bezahlens für den tatsächlichen Nutzungsgrad bzw. Verbrauch (pay-as-you-go) zu mieten, ohne Kapital in Rechner- und Datenzentrumsinfrastruktur investieren zu müssen. Public-Cloud-Dienste werden von großen Firmen, z. B Microsoft (Office 365), Amazon (Elastic Compute Cloud EC2), Google (Google Apps), SalesForce.com angeboten.

Private Cloud – die private Rechnerwolke – bietet Zugang zu abstrahierten IT-Infrastrukturen innerhalb der eigenen Organisation (Behörde, Firma, Verein). Private Cloud ist im Prinzip nur ein anderer Name für ein traditionelles Rechenzentrum. Was hier als „neu" betrachtet werden kann, ist die Art der flexiblen, skalierbaren Bereitstellung von Service und dem zugehörigen Berechnungsmodell.

Hybrid Cloud – die hybride Rechnerwolke – bietet kombinierten Zugang zu abstrahierten IT-Infrastrukturen aus den Bereichen von Public Clouds und Private Clouds nach den Bedürfnissen ihrer Nutzer.

Community Cloud – die gemeinschaftliche Rechnerwolke – bietet Zugang zu abstrahierten IT-Infrastrukturen wie bei der Public Cloud – jedoch für einen kleineren Kundenkreis, der sich, meist örtlich verteilt, die Kosten teilt (z. B. mehrere städtische Behörden, Universitäten, Betriebe oder Firmen mit ähnlichen Interessen, Forschungsgemeinschaften).

3. Charakteristika für Cloud-Computing

Das NIST listet fünf essenzielle Charakteristika für Cloud-Computing:

On-demand self-service – Der Nutzer kann automatisiert je nach Bedarf IT-Ressourcen, wie z. B. Rechenzeit und Speicherkapazität, beziehen.

Broad network access – Ressourcen sind über das Netzwerk verfügbar. Der Zugriff ist über standardisierte Mechanismen möglich und kann mit Standard-Client-Plattformen (z. B. Handys, Tablets, Laptops und Workstations) abgerufen werden.

Resource pooling – IT-Ressourcen werden vom Leistungsanbieter in einem Pool bereitgestellt, auf den mehrere Nutzer zugreifen können. Die physischen und virtuellen Ressourcen sind ortsunabhängig. Der Cloud-Anbieter kann seine Systeme und Dienstleistungen durch Optimierung und Konsolidierung effizient und ökonomisch anbieten.

Rapid elasticity – Für den Benutzer können (scheinbar unbegrenzt) verfügbare Kapazitäten flexibel bereitgestellt werden. Dadurch können Nutzungsschwankungen und Infrastrukturbeschränkungen entkoppelt werden.

Measured service – Cloud-Systeme kontrollieren und optimieren die Auslastung der Ressourcen auf der Basis von Messungen (auf einer geeigneten Abstraktionsebene) und bieten dadurch Transparenz für Nutzer und Anbieter. In Cloud-Systemen kann die Auslastung der Ressourcen anhand von Messungen kontrolliert und optimiert werden.

4. Servicemodelle

Es gibt drei Servicemodelle für das Cloud-Computing:

IaaS – Infrastructure as a Service – Es werden ausschließlich fundamentale Rechenressourcen angeboten, wie z. B. Rechenleistung, Speicherkapazität, Netzwerkanbindung. Hier kann der Nutzer beliebige Software (Betriebssysteme, Anwendungen) einsetzen. Mit IaaS gestalten sich Nutzer frei ihre eigenen virtuellen Computer-Cluster und sind daher für die Auswahl, die Installation, den Betrieb und das Funktionieren ihrer Software selbst verantwortlich.

PaaS – Platform as a Service – Der Nutzer hat die Möglichkeit, in der Cloud-Infrastruktur selbst erstellte oder erworbene Anwendungen zu verwenden, die auf Programmiersprachen, Bibliotheken, Diensten und Tools basieren, die der Dienstleister bereitstellt. Der Nutzer ist nicht für die zugrundeliegende Infrastruktur einschließlich Netzwerk, Servern, Betriebssystemen und Speicher verantwortlich. Er hat aber die Kontrolle über die bereitgestellten Anwendungen und die Konfigurationseinstellungen der Anwendungen. Mit PaaS entwickeln Nutzer ihre eigenen Softwareanwendungen innerhalb einer Softwareumgebung, die vom Dienstanbieter (Service Provider) bereitgestellt und unterhalten wird, die sie dort auch ausführen lassen. Force.com ist ein PaaS-Angebot von SalesForce.com.

SaaS – Software as a Service – Der Dienstleister stellt die Nutzung einer oder mehrerer Anwendungen zur Verfügung. Dies ist ein stark standardisierter Service für ein bestimmtes Einsatzszenario. Der Nutzer benötigt keine lokale Software, um auf den Service zuzugreifen. Rechnerwolken bieten Nutzungszugang von Softwaresammlungen und Anwendungsprogrammen. SaaS-Dienstanbieter offerieren eine spezielle Menge an Software, die auf ihrer Infrastruktur läuft. SaaS wird auch als Software on demand (Software bei Bedarf) bezeichnet. Bekannte Beispiele: Microsoft Office 365, Google Apps, SalesForce.com, Dropbox, Apple iCloud, Google Drive u. v. m.

4.1 Vor- und Nachteile von Cloud-Computing

Tab. 1. Vor- und Nachteile von Cloud-Computing.

Vorteile des Cloud-Computing	Nachteile des Cloud-Computing
Der Nutzer von Cloud-Computing kann erhebliche Investitionskosten und die damit verbundene langfristige Kapitalbindung vermeiden.	Die Nutzung von Cloud-Diensten führt zu einer Abhängigkeit vom Dienstleister, dem Service des Dienstleisters und der Qualität der internen Prozesse des Dienstleisters.
Die Skalierbarkeit der Cloud-Dienste – abhängig vom Nutzungsgrad – macht es möglich, kurzfristig Nutzungsspitzen auszugleichen. Andernfalls müsste der Nutzer in Phasen hoher Auslastung entweder Performanceverluste akzeptieren oder entsprechende Kapazitäten vorhalten.	Die Daten und Dienste in der Cloud sind nur verfügbar, wenn die Internetanbindung mit ausreichender Bandbreite verfügbar ist.
Die Betriebskosten für Cloud-Dienste sind für den Nutzer i. d. R. günstiger als die Betriebskosten für intern bereitgestellte Dienste.	Durch die Auslagerung von IT-Diensten in die Cloud verliert der Nutzer interne IT-Kompetenz.
Der Cloud-Dienstleister kann seine Ressourcen einfacher auf dem aktuellen Stand der Technik halten.	Bei einem kurzfristigen Ausfall des Cloud-Anbieters (z. B. durch Insolvenz) ergeben sich Risiken in Bezug auf die Verfügbarkeit der Daten.

Forts. Tab. 1 nächste Seite

Forts. Tab. 1

Vorteile des Cloud-Computing	Nachteile des Cloud-Computing
Der Cloud-Dienstleister bietet den Nutzern i. d. R. eine höhere Ausfallsicherheit, als dies bei vergleichbaren Kosten für intern angebotene Dienste möglich ist.	Risiken in Bezug auf den Datenschutz müssen betrachtet und dabei auch gesetzliche Regelungen berücksichtigt werden.

Die Vorteile, v. a. Reduzierung von Kosten und höhere Flexibilität, machen die Auslagerung von IT-Diensten an Cloud-Anbieter für alle Unternehmen sehr attraktiv. Es stellt sich aber die Frage, was das für Unternehmen im regulierten Umfeld (pharmazeutische Industrie, Medizintechnik) bedeutet. Wie kann der Nutzer von Cloud-Diensten die in diesen Bereichen von Behörden geforderte Qualität sicherstellen und den dokumentierten Nachweis dafür erbringen, dass die Qualität sichergestellt ist?

5. Anforderungen an die Validierung

Im Folgenden werden grundsätzliche Anforderungen an die Validierung von Cloud-basierten Systemen im regulierten Umfeld aufgelistet:

1. Für die Validierung eines Cloud-basierten Systems gelten die gleichen Anforderungen, die auch für die Validierung eines konventionellen computergestützten Systems gelten:

- Der Nutzer/Betreiber muss den dokumentierten Nachweis erbringen, dass er das System unter Kontrolle hat.
- Der Nutzer/Betreiber muss den dokumentierten Nachweis erbringen, dass das System 'fit for intended use' ist.

2. Der Validierungsansatz ist risikobasiert. Das heißt, der Validierungsaufwand ergibt sich aus der Betrachtung der mit der Nutzung des Systems verbundenen Risiken. Dabei müssen die besonderen Risiken berücksichtigt werden, die sich daraus ergeben, dass das System ein Cloud-basiertes System ist.

3. Leistungen können an den Dienstleister ausgelagert werden. Dabei muss sichergestellt sein, dass der Dienstleister in der Lage ist, diese Leistungen in der geforderten Qualität zu erbringen. Auch muss ggf. in einer Inspektion der dokumentierte Nachweis geliefert werden, dass diese Leistungen erbracht wurden.

Bei der Nutzung von Cloud-basierten Diensten ist es i. d. R. nicht zu vermeiden, Teile der Validierung an den Dienstleister auszulagern (Ausnahme: Nutzung einer privaten Cloud, die vom Nutzer selbst betrieben wird). Dadurch ergeben sich zusätzliche Anforderungen an den Dienstleister, die im Auswahlprozess berücksichtigt werden müssen:

- Im Auswahlprozess muss der Nutzer prüfen, ob der Anbieter in der Lage ist, diese Anforderungen in der benötigten dokumentierten Qualität zu erfüllen, z. B. durch ein vorhandenes Qualitätsmanagementsystem.
- Die Verantwortlichkeiten bzgl. der Implementierung und auch für den Betrieb müssen zwischen Nutzer und Anbieter eindeutig definiert werden (z. B. Validierungsplan, Service Level Agreements).

6. Rollen und Verantwortlichkeiten

Die Rollen und Verantwortlichkeiten, die sich bei der Validierung und dem Betrieb von computergestützten Systemen ergeben, müssen bei der Validierung Cloud-basierter Systeme angepasst werden. Durch die notwendige Einbeziehung des Dienstleisters muss abhängig vom gewählten Servicemodell definiert werden, welche Rolle vom Nutzer im regulierten Umfeld wahrgenommen wird und welche Rolle an den Dienstleister delegiert wird.

Die zu betrachtenden Rollen, die sich aus GAMP® 5 ergeben, sind: Prozesseigner, Systemeigner, Fachexperten, Qualitätssicherung und Endanwender. Dazu kommt die Rolle Servicemanager.

Der Prozesseigner ist verantwortlich dafür, dass das computergestützte System und sein Betrieb über den gesamten Lebenszyklus konform zu den Regularien sind. Diese Rolle ist unabhängig vom verwendeten Servicemodell immer beim Nutzer.

Der Systemeigner (nach GAMP® 5) ist dafür verantwortlich, dass das System gemäß gültiger SOPs unterstützt und instandgehalten wird. Für das Servicemodell SaaS liegt diese Rolle beim Cloud-Dienstleister. Für die anderen Servicemodelle (PaaS, IaaS) liegt diese Rolle beim Nutzer.

Bei der Verwendung von Cloud-Dienstleistungen ist es zu empfehlen, dass zusätzlich zu den in GAMP® 5 definierten Rollen sowohl auf Seiten des Nutzers als auch auf Seiten des Dienstleisters ein Servicemanager installiert wird, die beide dann für die Definition und Überwachung von Service Level Agreements verantwortlich sind.

Fachexperten, die z. B. die fachliche Verantwortung für IT-Infrastruktur, IT-Applikation und Systemadministration übernehmen, müssen auf beiden Seiten festgelegt sein.

Auf Seiten des Dienstleisters und des Nutzers muss eine Qualitätssicherung etabliert sein, die beide für die Implementierung und Einhaltung der Qualitätsvorgaben in ihrem Bereich verantwortlich sind.

Die Rolle des Endanwenders, der für die Nutzung des Systems gemäß den Vorgaben (SOPs) verantwortlich ist, liegt naturgemäß beim Nutzer.

In Vereinbarungen zwischen Nutzer und Dienstleister (Service Level Agreements) muss eindeutig festgelegt werden, wer für welche Aktivität welche Rolle übernimmt, d. h.:

- Wer ist der Zuständige, der die Aktivität umsetzen muss?
- Wer hat die formale Verantwortlichkeit dafür, dass die Aktivität korrekt umgesetzt wird?
- Wer sollte unterstützend mitwirken?
- Wer soll über die Aktivität informiert werden?

Schon bei der Planung einer Cloud-basierten Lösung soll man sich Gedanken dazu machen, was bei der Stilllegung des Systems zu tun ist. Eine Stilllegung des Systems kann aus verschiedenen Gründen notwendig werden. Beispiele sind:

- der Nutzer will den Anbieter wechseln
- der Anbieter stellt die Dienstleistung nicht mehr länger zur Verfügung (Insolvenz, Änderung des Geschäftsmodells)

Im Rahmen der Bewertung des Cloud-Anbieters soll untersucht werden, wie hoch das Risiko ist, dass dieser kurzfristig nicht mehr verfügbar ist. Abhängig vom Ergebnis dieser Risikobewertung sollen entsprechende Notfallpläne entwickelt werden. In jedem Fall soll bei der Planung einer Cloud-Anwendung auch ein Plan entwickelt werden, diese abzulösen. Die damit verbundenen Aufwände (Zeit und Kosten) sollen betrachtet werden.

Die Daten, die in einer Cloud-Anwendung verwaltet werden, unterliegen i. d. R. behördlich festgelegten Aufbewahrungsfristen. Daher muss auch betrachtet werden, wie diese Daten aus der Cloud migriert werden können und wie man diese Daten ggf. auch ohne den Cloud-Anbieter verfügbar machen kann.

Auch in der Betriebsphase bleibt die Verantwortung für das System gegenüber den Behörden beim Anwender der Cloud-Lösung. Daher müssen u. a. für die Betriebsphase die folgenden Themen zwischen dem Nutzer und dem Anbieter vertraglich geregelt werden (Tab. 2):

Tab. 2. Nutzer und Anbieter – Themen einer vertraglichen Regelung.

Change Control	Der Anbieter muss einen kontrollierten Prozess zum Management von Änderungen am System anbieten. In der Regel betreffen Änderungen bei Cloud-Anwendungen alle Nutzer. Der Dienstleister kann keine individuellen Änderungen anbieten.
Verfügbarkeit	Vereinbarungen zur Verfügbarkeit des Systems müssen getroffen werden, die der Anbieter erfüllen kann und die die Anforderungen des Nutzers erfüllen. Dabei sollen Anforderungen berücksichtigt werden, wie lange der Geschäftsprozess ausfallen darf und wie viel Datenverlust in Kauf genommen werden kann.
Datensicherung und Wiederherstellung	Der Dienstleister muss getestete Verfahren zur Datensicherung und zur Datenwiederherstellung bereitstellen.
Datensicherheit	Der Anbieter muss gewährleisten, dass er die Anforderungen des Dienstleisters zur Datensicherheit erfüllen kann.
Support, Incident-, Deviation-, Discrepancy-, Problemmanagement	Die Vereinbarungen sollen Regeln zum Support (Verfügbarkeit von Support) enthalten.
Datenschutz	Falls in der Cloud-Anwendung Daten verwaltet werden, die rechtlichen Anforderungen aus dem Datenschutz unterliegen, muss gewährleistet sein, dass der Dienstleister diese Anforderungen kennt und erfüllen kann.

7. Servicemodelle SaaS und PaaS

Auf den folgenden Seiten werden die beiden Servicemodelle SaaS und PaaS erläutert und deren Validierbarkeit evaluiert.

7.1 Beispiel 1 – SaaS

Als erstes Beispiel wird ein Hersteller Medizinischer Geräte betrachtet. Dieser benötigt ein neues Lieferantenbewertungssystem. Nach einer Marktevaluation entscheidet er sich für ein webbasiertes CRM-System.

Das ausgesuchte CRM-System ist mandantenfähig und kann ohne technische Anpassung verwendet werden.

Der verantwortliche CSV-Beauftragte deklariert den Onlinedienst als ein Commercial-Off-the-Shelf(COTS)-Produkt und will ihn nach GAMP® 5, Kategorie 3 validieren (Abb. 1).

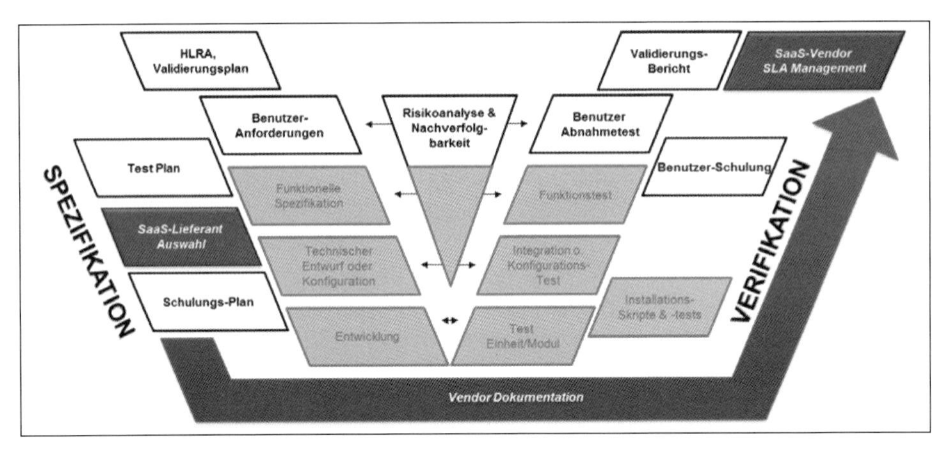

Abb. 1. GAMP® 5, Kategorie 3, SaaS-Ansatz [1].

Welche Besonderheiten müssen bei einem solchen Projekt berücksichtigt werden?

Auf der Spezifikationsseite ist die SaaS-Lieferantenauswahl entscheidend. Hier muss der Nutzer besonders sorgfältig darauf achten, dass der Lieferant die Erfahrung hat, die notwendig ist, um die GxP-Anforderungen im regulierten Umfeld zu erfüllen. Da der Lieferant gleichzeitig Infrastruktur und Anwendung zur Verfügung stellt, ist ein Lieferanten-Audit unabdingbar.

Der Lieferanten-Audit-Fragebogen muss diverse Themen abdecken.

- **QMS** – Qualitätsmanagementsystem (z. B. ISO 9001-Zertifizierung)
- **CAPA**-Management
- **SDM/SDLC** – Softwareentwicklungsmethodologie und -lebenszyklus
- **ISMS** – Informationssicherheitsmanagementsystem (z. B. ISO 27001-Zertifizierung)
- **Datensicherung** und -wiederherstellung
- **BCP** (Geschäftskontinuitätsplanung)
- **Datenarchivierung** – langfristige Aufbewahrung und Erhaltung der dauerhaften Verfügbarkeit
- **Service-Prozesse** (z. B. ITIL v3)
- **Datenschutz** (z. B. EU-Richtlinie 95/46/EG, 2002/58/EG und nationale Gesetze)
- Erfüllung von **regulatorischen Anforderungen** (z. B. 21 CFR/Annex 11 ERES [System Audit Trail, dokumentiertes Änderungsmanagement, Dokumentenmanagement,Testmanagement etc.])

Wie in Abb. 1 dargestellt, muss der gewählte SaaS-Dienstleister alle relevanten Plattform- und Anwendungsdokumente zur Verfügung stellen. Oft werden diese Dokumente nur online angeboten. In diesem Fall ist es vorteilhaft, wenn der Lieferant ein Dokumentenmanagementsystem einschließlich Versionskontrolle anbietet, mit dem der Freigabestatus der Dokumente erkennbar ist. Alte Versionen müssen bei Bedarf verfügbar sein.

7.1.1 Übergabe vom Projekt in den Betrieb

Bevor das System in Betrieb genommen werden kann, müssen einige vertragliche Punkte ebenfalls in Form von Service Level Agreements geklärt werden. Diese Verträge beschreiben und regeln alle Schnittstellen zwischen Lieferant und Nutzer. Bei einer validierten Anwendung, womöglich mit vertraulichem Patienten- oder Nutzerdaten, ist hier äußerste Sorgfalt gefordert, besonders bei den folgenden Punkten (Tab. 3).

Tab. 3. Wichtige Schnittstellen zwischen Lieferant und Nutzer bei validierter Anwendung.

Servicevereinbarung	• Systemverfügbarkeit • Zuverlässigkeitskennzahlen • Leistungserwartungen • Incident/Problem-Response- und Resolution-Zeiten • Kapazität und Performance • geplante Ausfallzeiten/Wartung
Datensicherheit und Aufbewahrung	• Backup und Wiederherstellung (gesamter Datenbestand sowie einzelne Datensätze) • Archivierung und Datenspeicherung • endgültige Vernichtung aller Daten nach der Aufbewahrungsfrist • BCP
Reporting und Feedback	• Datenschutz und Informationssicherheit – Hacking-Ereignisse, Datendiebstähle, Vandalismus-Ereignisse, Incidents etc. • Kennzahlen, Kundenzufriedenheit, KVP • periodische Inspektionen (Anlagen, Dokumentationsreview)
Plattform- bzw. System-Lebenszyklus	• Roadmap für Plattform- bzw. Systementwicklungen • Testumgebung und Benachrichtigung/Feedbackfristen • valide Datenmigration bei Versions- oder Releasewechsel

Die letzten Aufzählungspunkte sind besonders wichtig und schwierig umzusetzen: Ein SaaS-Dienstleister muss sein System ständig weiterentwickeln, um seinen geschäftlichen Vorteil gegenüber der Konkurrenz beizubehalten. Gleichzeitig ist der Nutzer durch seine GxP-Anforderungen dazu verpflichtet, entsprechende Prozesse für Konfigurationsmanagement und Change-Management einzurichten, damit ein computergestütztes System und alle seine Bestandteile jederzeit identifiziert und definiert werden können [1].

Genau hier liegt die Hauptschwierigkeit bei allen Cloud-Diensten, besonders bei SaaS – der Nutzer hat keinerlei Kontrolle über die Konfiguration und Inbetriebnahme neuer Versionen. Selbst wenn der SaaS-Anbieter Zugang zu seiner Testumgebung und Betaversionen erlaubt, ist es unwahrscheinlich, dass ein einzelner Nutzer die Inbetriebnahme einer neuen Version verhindern oder zurückhalten kann. Viele SaaS-Anbieter setzen auf agile Vorgehensmodelle. Scrum beispielsweise liefert neue Produktfunktionalität in kurzen Zeitabständen. Nutzer mit GxP-Anforderungen müssen daher ständig Ressourcen zur Verfügung stellen, um diese neue Funktionalität zu testen und die Dokumentation (z. B. Anforderungen, Spezifikationen, Risikoanalyse, Schulungsunterlagen, Testskripte, Validierungsbericht und Freigabe) anzupassen.

Eine mögliche Lösung dieses Problems wäre, einen „Private-Public-Cloud"-Ansatz mit dem SaaS-Anbieter zu vereinbaren – der Nutzer bekommt eigene, dedizierte Instanzen der SaaS-Anwendung, welche nur wenige Male im Jahr auf dem neuesten Stand upgedatet werden. Mindestens zwei Instanzen sind notwendig – eine Test- und Abnahme-Plattform neben der produktiven Instanz. Dieser Ansatz ermöglicht es, alle notwendigen Validierungsaktivitäten (z. B. Risikoanalysen, Testspezifikationen) durchzuführen, ohne Einfluss auf andere Mandaten und Nutzer des SaaS-Anbieters zu nehmen. Hierfür müssen der Projektleiter und der Systemeigner berücksichtigen, dass einige Cloud-Vorteile dadurch verloren gehen. Das Projekt wird durch langwierige Vertragsverhandlungen mit dem SaaS-Anbieter deutlich länger dauern. Zudem ist mit höheren Projekt- und Betriebskosten zu rechnen, da der Anbieter zusätzlichen Aufwand hat und diese Kosten sicherlich weitergeben wird.

7.2 Beispiel 2 – PaaS

Das zweite Beispiel betrachtet ein globales pharmazeutisches Unternehmen, welches ein neues System zur Erfüllung neuer FDA- und EU-Regulatorien (z. B. US PPACA [Patient Protection Affordable Care Act 2009]) benötigt. Nach einer Marktevaluation wurde entschieden, eine Anwendung auf Basis einer Internet-PaaS zu entwickeln.

Der CSV-Beauftragte dieses Projekts muss nach GAMP® 5, Kategorie 5 (Bespoke-Software) vorgehen (Abb. 2).

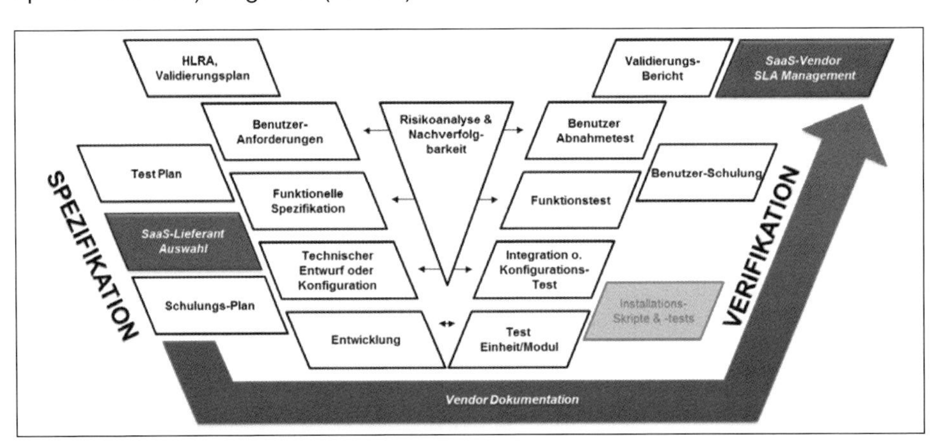

Abb. 2. GAMP® 5, Kategorie 5, PaaS-Entwicklung [1].

Alle Punkte, die im Beispiel 1 (s. Kap.7.1, S. 33) behandelt wurden, treffen in diesem Fall wieder zu. Die Lieferantenwahl, Lieferanten-Audit und -bewertung müssen sehr sorgfältig durchgeführt werden. Wenn der PaaS-Anbieter keine GxP-Kenntnis oder -Erfahrung nachweisen kann, ist es kaum möglich, einen GxP-konformen, kontrollierten Betrieb aufrecht zu erhalten.

Da keine lokale Installation der Plattform erfolgt, entfällt der Teil der lokalen Systeminstallation- und Testdokumentation. Die Bereitstellung einer qualifizierten Infrastruktur liegt jedoch im Verantwortungsbereich des Dienstleisters. Installationsdokumentationen und -nachweise für selbst entwickelte Codemodule sind ggf. erforderlich.

Die Hauptvorteile für eine PaaS-Lösung gegenüber einer traditionellen Softwareentwicklung liegen in der schnellen Umsetzung und den niedrigen Kosten, da keine Infrastruktur angeschafft werden muss. Zudem kommt eine ausführliche Bibliothek von Programmierbausteinen hinzu, mit denen schnell eine lauffähige Anwendung erstellt werden kann. Hier liegt auch ein kritischer Punkt für eine validierte Anwendung. Mit sehr vielen undurchschaubaren Programmierbausteinen erhöht sich das Risiko eines Programmfehlers, entweder durch einen Fehler in der Codebibliothek selbst oder durch eine falsche Anwendung der Bausteine.

Da die meisten PaaS-Anbieter ebenfalls eigene SaaS-Anwendungen unterhalten und ständig weiterentwickeln, sind regelmäßige Änderungen und Ergänzungen der PaaS-Programmierbausteine zu erwarten. Dementsprechend ist mit einem höheren Aufwand bei der funktionellen Risikoanalyse, Testentwurf, -entwicklung und -durchführung zu rechnen.

Wie in Beispiel 1 wäre ein „Private-Public-Cloud"-Ansatz mit dem PaaS-Anbieter eine mögliche Vorgehensweise, um dieses Risiko durch eine geringere Anzahl von Änderungszyklen pro Jahr zu entschärfen.

8. Fazit

Cloud-basierte Produkte werden von vielen Softwareherstellern und Internetfirmen gezielt auf den Markt gebracht. Durch SaaS- und PaaS-Angebote können die Firmen viele Vorteile gegenüber traditionellen Softwareanbietern erreichen:

- SaaS-Anwendungen bieten dem Anbieter Schutz vor Softwarepiraterie, da Fremde kaum Zugriff auf den Quellcode oder Programmecode erhalten.
- SaaS- und PaaS-Anwendungen basieren auf Standards, sind aber von jedem Anbieter auf eigene Art angepasst und erweitert, was ein Transfer von einem Anbieter zum anderen verhindert oder stark erschwert. Dadurch sind die Nutzer entsprechend langfristig an den Anwender gebunden.

Die strengen Vorschriften und Regularien, die GxP-relevante Anwendungen mit sich bringen, sind eine große Herausforderung für SaaS- und PaaS-Dienstleister.

- Die meisten SaaS- und PaaS-Anbieter sind nicht mit den regulatorischen Anforderungen vertraut. Dementsprechend sind ihre Prozesse nicht darauf ausgerichtet. Beispielsweise stehen agile Entwicklungsmethoden mit kurzen Durchlaufzeiten in direktem Konflikt mit den GAMP®-Anforderung an das Änderungsmanagement (GAMP® 5, Kap. 4.3.4.1 [1]).

Alle Änderungen, die während der Betriebsphase eines computergestützten Systems vorgeschlagen werden, sollen, unabhängig davon, ob sie auf Software (einschließlich unterlagerter Software), Hardware, Infrastruktur oder den Einsatz des Systems bezogen sind, einem formellen Änderungsmanagementprozess unterzogen werden.

- Auch eine SaaS-Anwendung oder PaaS-Bausteine sind oft nicht geeignet, GxP-Anforderungen zu erfüllen. Oft fehlt z. B. eine Audit-Trail-Funktionalität, die die regulatorischen Anforderungen erfüllt.
- Die SaaS-Anwendungen sind natürlich mandantenfähig, aber alle Nutzer greifen auf dieselbe Plattform zu. Der Zugriff auf ein Testsystem mit der Möglichkeit, den Rollout für eine neue Version zu stoppen, muss separat mit dem Anbieter verhandelt werden, da es meistens nicht in dem normalen Nutzungsvertrag vorgesehen wird.
- Die meisten Anbieter von SaaS- und PaaS-Diensten sind sehr große Firmen (Microsoft, Google etc.), was ein Lieferanten-Audit erschwert oder unmöglich macht, da diese Firmen keine Audits zulassen.

Zurzeit sind nur wenige Cloud-Anbieter auf die Anforderungen von GxP-relevanten Anwendungen vorbereitet. Diese Tatsache muss bei der Umsetzung solcher Vorhaben berücksichtigt werden. Der Nutzer muss zusätzliche Zeit und Kosten bei der Implementierung und im Betrieb einplanen. Weiterhin sind die notwendigen Prozesse und Vereinbarungen zwischen Dienstleister und Nutzer zu implementieren.

Andererseits bieten Cloud-basierte Systeme viele Vorteile, welche sich langfristig auszahlen können. Die Wichtigsten sind: schnelle Umsetzung neuer Funktionalität dank vorhandener Programmierbausteine, fast unbeschränkte Kapazität, 7x24-Systemüberwachung und überschaubare Betriebskosten.

Literatur

[1] ISPE GAMP® 5: A Risk-Based Approach to Compliant GxP Computerized Systems, International Society for Pharmaceutical Engineering (ISPE), Fifth Edition, February 2008, www.ispe.org.

[2] NIST. The NIST Definition of Cloud Computing. http://csrc.nist.gov/publications/nistpubs/800-145/SP800-145.pdf. Letzter Zugriff: 16.2.2015.

Korrespondenz: James Greene, Rescop GmbH, Schliengener Straße 25, 79379 Müllheim, E-Mail: j.greene@rescop.com

Enterprise-Managementsysteme als Basis für GxP-Compliance in der Life-Science-Industrie

Dr. Stefan Schaaf
Q-FINITY Qualitätsmanagement,
Dillingen

Zusammenfassung

Aktuell sind die Behörden auf dem Weg zur Konsolidierung der Standards und Anforderungen. Dabei werden sowohl durch die europäischen Aufsichtsbehörden als auch von der FDA Pharma- und Medizintechnikthemen zusammengebracht. Alles klingt nach einer ISO 9001: Life Science. Doch anscheinend sind die „ISO-Macher" schneller. Die Ankündigungen der ISO 9001:2015 versprechen grundsätzliche Änderungen, die den aktuell bestehenden Managementsystemen eine deutliche Kehrtwende geben werden.
Dabei ist für viele Qualität noch immer gleichbedeutend mit Dokumentieren. Worum geht es aber heute bei dem Thema Qualität oder Compliance? Es wird zum Instrument, zu einem System. Die Gerüchte um die geplanten Änderungen der ISO 9001:2015 deuten schon einiges an. So wird auch das Risiko zum Thema. Das klingt schon nach dem risk-based approach, wie wir ihn alle kennen. Prozesse waren sowieso schon klares Thema, sollen aber nun verpflichtend werden. Auch stehen grundlegende Konsolidierungen an, sodass das Befolgen mehrerer Standards einfacher werden soll.
Der Weg zu einem Managementsystem führt also unweigerlich über die Prozesse, welche ein individuelles Gerüst für ein Unternehmen bilden und die Grundlage für jede Form von Qualitätsmanagement wird. Ein kleiner Wegweiser in diese Richtung soll im Folgenden gegeben werden. Dazu werden wir das Enterprise-Managementsystem und auch den Weg zur Implementierung genauer betrachten.

Abstract

Enterprise Management Systems as a Basis for GxP Compliance in Life Science Industry
Currently, the authorities are on the way of consolidating standards and requirements. By this way, some subjects are brought together by the European authorities as well as by the FDA to Pharma and Medtech. Everything sounds like an ISO 9001: Life Science. But it seems that the "ISO-makers" are faster. The announcements of the ISO 9001:2015 promises basic changes which will lead to a significant change of the currently existing management systems.
But still, for many people quality is identical to documenting. What are the subjects quality and compliance about today? It becomes an instrument, a system. The rumours about the planned changes of ISO 9001:2015 predict a lot. Risk will become a subject. This sounds like the risk-based approach that we all know. Processes have always been a matter of clear subject, but now they should be mandatory. Also, there should be profound consolidations to make it easier to follow more than one standard.

The way to a management system will definitely also be over processes which build an individual skeleton of a company and will be the basics for every kind of quality management system. A short signpost in this direction should be given in the following. For this we will look to the Enterprise Management System in detail and also about its way of implementation.

Key words Enterprise-Managementsystem · ISO 9001:2015 · Life Science · GxP-Compliance · Risikomanagement · Qualitätsmanagement · Prozesse · Management · Commitment

1. Enterprise-Managementsystem: Versuch einer Definition

Zunächst wollen wir jedoch definieren, worum es eigentlich bei dem Thema Enterprise-Managementsystem geht. Der Begriff wird aktuell auch durchaus für die Zusammenfassung aller IT-Systeme gebraucht, die die Prozesse im Unternehmen managen, also das ERP, das CRM, das Personalmanagementsystem etc. Ich möchte aber gerne folgende Definition in Anlehnung an [1] verwenden, die den Kern des Themas aus meiner Sicht besser trifft:

Ein Enterprise-Managementsystem ist der integrierte Ansatz, um alle Themen abzubilden, die das Management (auf verschiedenen Ebenen) sowohl strategisch als auch operativ definiert bzw. unterstützt. Durch seine Prozesse definiert es einen Regelkreis, der zur kontinuierlichen Verbesserung in qualitativer wie v. a. auch in unternehmerischer Hinsicht führt. Zu diesen Themen zählen u. a. Prozessmanagement, Organisationsmanagement, Qualität, Governance, Risk & Compliance und Unternehmensstrategie. Dabei wird für das organisatorisch abgebildete Managementsystem wie auch für eine technische Implementierung eines solchen Systems derselbe Begriff gewählt.

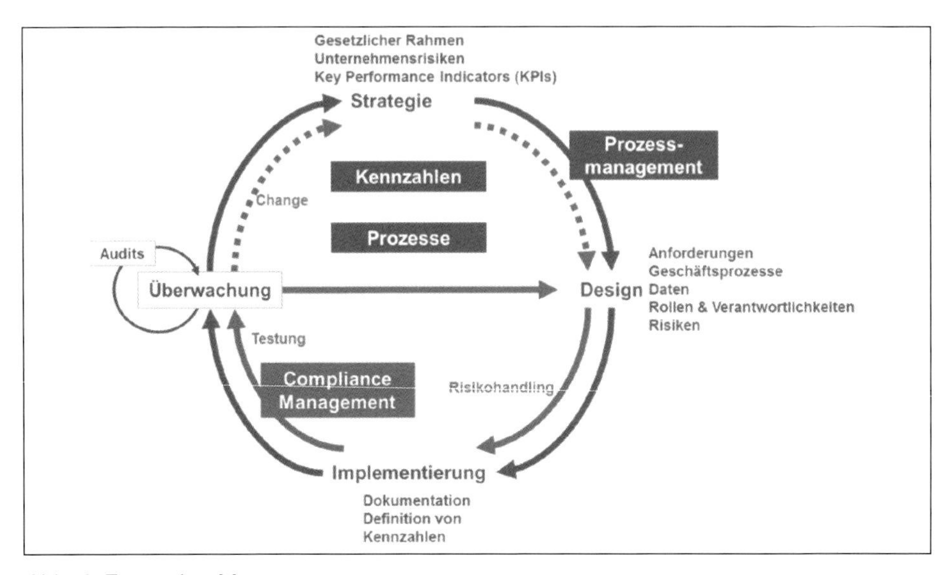

Abb. 1. Enterprise-Managementsystem.

Damit umfasst der Begriff mehr als nur den reinen Qualitätsaspekt, der sonst immer im Life-Science-Umfeld im Vordergrund steht. Das halte ich für sehr wichtig, denn jedem ist klar, dass man „nur" mit Qualität kein Management überzeugen kann. Qualität bietet heute keinen Wettbewerbsvorteil mehr, es ist ein Muss. Das heißt, es geht um Prozesse und deren Compliance. Wie in jedem

Managementsystem ergibt sich ein Regelkreis, wie er in Abb. 1 dargestellt ist. Auf die Details werden wir später im Rahmen des Aufbaus eines Enterprise-Managementsystems näher eingehen.

Der Kreislauf folgt dabei dem klassischen Deming-Kreis mit seinem Plan-Do-Check-Act(PDCA)-Zyklus.

2. Industry Best Practice heute

Doch werfen wir zunächst einen Blick auf den Stand in den Unternehmen. In der Medizintechnik findet man oft schon die ersten Integrationen. Prozesse sind definiert und bilden die Basis für die Dokumentation und die tägliche Arbeit. Die Pharmabranche ist dort meist noch etwas weniger integriert unterwegs, da die Medizintechnik durch die Forderungen der ISO 13485 stärker in ein formales, „modernes" Qualitätsmanagement(QM)-system gedrängt wird. „Modern" ist hier jedoch nicht im Verständnis eines aktuellen State of the Art gemeint, da mit der ISO 9001:2000 die Prozessorientierung vorangetrieben werden sollte, die aber auch heute noch nicht Stand der Technik ist. In der Pharmaindustrie heißt das aber nicht, dass es nicht ein zentrales Prozessmanagement gibt. Gerade in Konzernen ist dies Standard. Es steht jedoch neben anderen Themen wie der Dokumentation. Es fehlt die Integration.

Dass man jedoch die Integration weiterer Themen innerhalb der Life Science findet, ist eher die Ausnahme. So ist das Thema Training natürlich etabliert, aber eher dokumenten- als rollenzentriert. Ebenso finden Audits eher entlang der Organisation statt und der CAPA-Prozess ist noch einmal ganz woanders angesiedelt und oftmals auf spezielle Themen fokussiert. Der Zusammenhang zwischen Auditabweichungen und z. B. Reklamationen bleibt unerschlossen, da es sich um getrennte Welten handelt. Auswertungen beruhen i. d. R. nicht auf abgestimmten Bewertungsschemata und das Berichtswesen hat daher kaum eine Chance, Abhängigkeiten zu erkennen. Zudem werden Maßnahmen umgesetzt, die sich daraus ergeben und dann evtl. nur Teilaspekte des Problems beseitigen.

Wirft man einen Blick in Richtung der Finanzqualitätsaspekte wie das interne Kontrollsystem, das Unternehmensrisikomanagement oder die interne Revision und vergleicht sie zudem noch mit ihrer „Schwester", dem Audit-Management und dem verbundenen QM, so sieht man auch hier, dass es häufig zwei Parallelwelten sind. Immer wieder werden verschiedene regulative oder gesetzliche Anforderungen „lokal" in einem Managementsystem umgesetzt und an eine Integration wird oft nicht gedacht.

Dieses Vorgehen kann man zwar begründen, jedoch muss ein Unternehmen für sich entscheiden, ob dies letztendlich wirklich gerechtfertigt ist, wenn durch fehlende Abstimmung oder uneinheitliche Prozesse Fehler auftreten.

3. Managementhandbuch war gestern – doch was kommt morgen?

Der Kern jedes QM-Systems resp. Managementsystems ist das Managementhandbuch, oft auch Qualitätsmanagementhandbuch (QMH) genannt. Schwierig wird es dann, wenn ein Unternehmen verschiedenen Normen folgt und mehrere Handbücher aufgebaut hat. Der Aufbau richtet sich meist streng nach der Norm, um dem Auditor möglichst wenig Raum und Grund für Fragen zu bieten. Sie umfassen die üblichen Kapitel zu Unternehmenspräsentation, Unternehmens- und Qualitätspolitik, grundsätzlichen Festlegungen, dem Aufbau des QMH und v. a.

dem Aufzeigen des QM und der Beschreibung der Prozesse, wie sie die Norm jeweils fordert. Dabei liegt für viele der Fokus auf der Qualität der Dokumente, d. h., die Handbücher hat man für den Auditor erstellt, wie viele Kunden inoffiziell zugeben. *„Danach leben kann keiner und genutzt wird es sowieso nicht. Das hat nichts mit der alltäglichen Praxis zu tun."* Dabei wird z. T. auch die Forderung nach einer Prozessorientierung der Norm oft künstlich in das QMH eingebracht, obwohl das Unternehmen weder so denkt noch so handelt.

Das klingt zunächst einmal alles sehr negativ, jedoch aus gutem Grund: es wird viel Energie in die Aufrechterhaltung des bestehenden QMH gesteckt, jedoch ist der operative Nutzen kaum bis nicht erkennbar. Aber auch hier gibt es inzwischen einige Unternehmen, die erkannt haben, dass solche starren Managementhandbücher rein dem Selbstzweck dienen; daher haben sie diese normübergreifend zumindest schon auf eine echte Prozessorientierung umgestellt und versuchen sie auch umzusetzen.

Das zweite wichtige Thema im Zusammenhang mit den Prozessen sind die Kennzahlen, eine noch immer unerfüllte Forderung. Der Prozessverantwortliche in seiner quasi Matrixfunktion hat keinen Zugriff auf die Mitarbeiter, da diese in der Gesamtstruktur eingebunden sind; auch ist er sich seiner zentralen Rolle oftmals nicht bewusst bzw. er verfügt nicht über die notwendigen Befugnisse. So wird eine Umsetzung erschwert und die Kennzahlen stehen nicht im Fokus.

Die Überarbeitung der ISO 9001:2015 will jedoch weitergehen und das zu Recht. Da die Prozesse selbst die Basis der Weisungen eines Unternehmens bilden, kann sich die „documented information", wie es später heißen soll, direkt aus dem Prozess ergeben. Der Wegfall eines obligatorischen QMH zeigt in der neuen ISO 9001 jedoch deutlich, dass es Wichtigeres als starre Handbücher gibt. Auch ist die Prozessorientierung nun Pflicht. Aber betrachten wir das Ganze einmal aus der Sicht des Gesamtunternehmens.

4. Anforderungen an Enterprise-Managementsysteme

Wenn wir über die Life-Science-Branche reden, ergeben sich für ein Enterprise-Managementsystem zwangsläufig verschiedene Prozesse, die vorhanden sein müssen, um ein umfassendes Management zu gewährleisten, welches v. a. auch GxP-konform ist. Hierzu zählen u. a.:

- Dokumentenmanagement
- Training
- Audit-Management
- CAPA (Corrective and Preventive Actions)/Reklamationen/Abweichungen
- Pharmakovigilanz
- Risikomanagement
- Change-Management
- Zulassung

Selbstverständlich gibt es auch viele weitere Prozesse, die branchenübergreifend eine Rolle spielen:

- externe Überprüfung sicherstellen, wie es im COBIT heißt, und dies über alle Normen in einem Managementsystem
- Monitoring und Measurement
- 3rd Party Management (Outsourcing/externe Dienstleistungen)

- Management-Review
- Produktrealisierung

Zu jedem Prozess gibt es z. T. mehr als eine eigene Norm und verschiedene Guidelines, wie z. B. die ICH-Richtlinien. Grundsätzlich müssen alle betrachtet werden, die für das Unternehmen gelten. Hinzu kommen selbstverständlich die allgemeinen gesetzlichen Forderungen wie HGB, BDSG etc. Doch damit noch nicht genug. Um bestimmte Prozesse effizient umsetzen zu können, müssen Standards herangezogen werden, die einerseits effiziente und effektive Prozesse erlauben und andererseits evtl. auch die Möglichkeit zur Zertifizierung bieten. Die Zertifizierung wird heutzutage immer wichtiger – auch bzgl. Themen wie IT-Sicherheit –, v. a. wenn man Dienstleister oder Lohnhersteller ist. Damit ergibt sich eine Vielzahl von Vorgaben (Abb. 2), denen ich Rechenschaft schuldig bin. Einen guten und sehr anschaulichen Überblick liefern die Studien des Bayerischen Staatsministeriums für Wirtschaft, Infrastruktur, Verkehr und Technologie [2,3], besonders die Landkarten der Managementsysteme in [2].

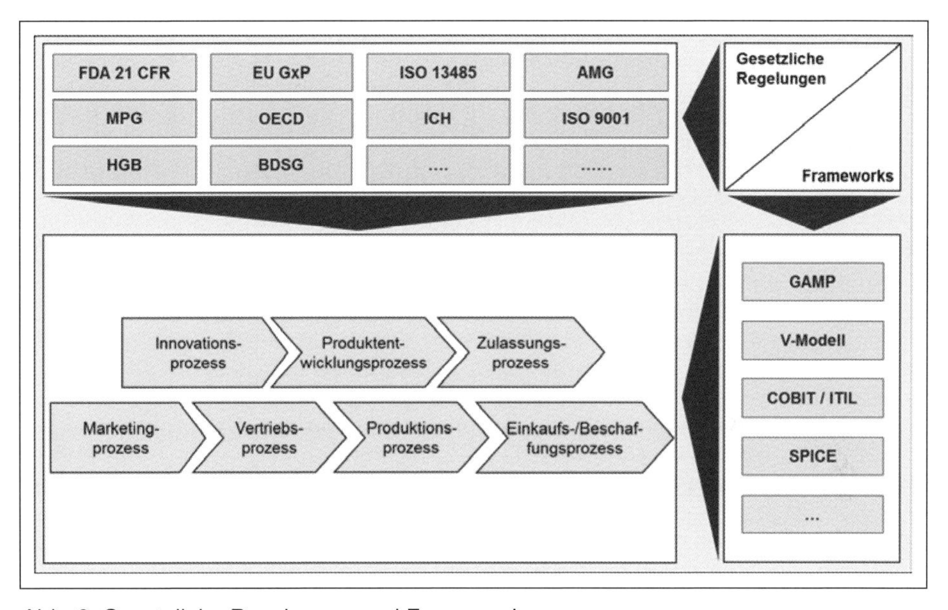

Abb. 2. Gesetzliche Regelungen und Frameworks.

Das klingt erst einmal sehr komplex, da es keine Personengruppe im Unternehmen gibt, die dies alles wirklich leisten kann. Es erfordert zu viel Spezialwissen, um z. B. zu wissen, welches Patentrecht in Australien gilt oder wie die Vorschriften für Arbeitsschutz in Japan lauten. Doch bekanntermaßen baut sich ein Puzzle durch das Zusammenfügen der einzelnen Bausteine zusammen. Dabei ist es entscheidend, die richtigen Personen einzubinden, um so durch die Einbindung der jeweiligen betroffenen Parteien letztendlich das Gesamtgefüge entstehen zu lassen. Damit stellt sich auch schon zugleich die Frage, wie dies überhaupt möglich ist. Die Antwort ist ganz einfach: Man muss eine gemeinsame Grundlage schaffen, auf der die Anforderungen zusammengetragen werden können. Damit schließt sich der Kreis wieder zum Enterprise-Managementsystem.

Blickt man nun in die gängigen Normen wie die ISO 9001, dann wird schnell klar, dass der einzige gemeinsame kleinste Nenner aller der Prozess sein muss. Gesetze und Standards stellen bekanntlich immer Anforderungen an Prozesse und nicht an eine Organisationseinheit. Für jeden Prozess muss es dabei eine eindeutige Verantwortlichkeit geben, den Prozessverantwortlichen. Auf Grundlage der Prozesse erfolgt demnach die Interaktion der verschiedenen Beteiligten, und so ist der Prozessverantwortliche auf deren Input angewiesen. Denn er muss für die Umsetzung Sorge tragen und er muss auch den Umgang mit evtl. oder scheinbar widersprüchlichen Anforderungen regeln, wobei es sicherlich i. d. R. eher nur höhere als sich ausschließende Anforderungen gibt.

5. Quality by Design – Einführung eines Enterprise-Managementsystems

Man kann Qualität nicht in das Produkt hineinprüfen und auch nicht in ein Managementsystem, sondern hier geht es um *Quality by Design*. Die Frage, die sich einem zunächst stellt, ist sicherlich, wo dieses Design tatsächlich beginnt. Womöglich hat man sich noch nicht ausreichend Gedanken über die Prozesse gemacht, ebenso wie über die Integration im Unternehmen, sei es in andere Prozesse bzw. natürlich auch in technische Schnittstellen zu bestehenden Systemen. So besteht die Gefahr von Medienbrüchen bzw. von Informationsverlust. Die optimale Gestaltung der Prozesse durch Definition der Prozessschnittstellen, d. h. der Aufteilung der Prozesse, bestimmt den Aufwand für das spätere Change-Management. Je gründlicher die Planung angelegt ist, desto effektiver wird das Ergebnis. Man tendiert zwar zum Zusammenfassen von Inhalten, um die Anzahl der (Validierungs-)Dokumente zu reduzieren, das lässt den Prozess jedoch umso schwerfälliger werden. Kleine Prozesse bieten eine höhere Flexibilität; auf die Anzahl der Unterschriften bei Weisungen sollte es dabei nicht ankommen, da moderne IT-Systeme elektronische Unterschriften bieten und damit das zeitraubende Unterschrifteneinsammeln entfällt. Zudem kann man gezielter auf die Zielgruppen eingehen und vermeidet unnötig große Verteiler, die erfahrungsgemäß dazu führen, dass Mails nicht mehr gelesen werden, und zwar in der Annahme, dass man als Empfänger im Großverteiler nicht betroffen ist. Änderungen können somit leichter umgesetzt werden. Der Input muss bereits aus den externen, v. a. gesetzlichen Anforderungen an das Unternehmen und der Betrachtung der Risiken kommen. Die Prozesse müssen klar definiert sein, sodass jeder seine Verantwortlichkeiten kennt. Unklare Verantwortlichkeiten sind nicht selten das Hauptproblem für die fehlende Umsetzung und infolgedessen dann auch der Prozesse und damit verbundener Systeme. Dabei ist es in der Pharmawelt sicherlich schon „komfortabel", überhaupt eine Validierung durchführen zu müssen, denn laut einer Studie liegt die Erfolgsquote von IT-Implementierungsprojekten nicht sehr hoch, immerhin 68 % aller IT-Projekte scheitern [4]. Neben den internen wie externen Anforderungen sind die Risiken die entscheidende Komponente für die Gestaltung des Managementsystems. Das Risiko hängt dabei immer am Prozess, auch wenn es vielleicht durch ein ausfallendes IT-System verursacht werden kann, weil dies die Funktionalität nicht hat und damit wieder der Businessprozess dies durch seine Regeln (Anweisungen) ausgleichen muss.

Auch ist klar, dass dies alles letztendlich eine hohe Integration erfordert und dass dies am Ende nur durch eine intelligente softwaretechnische Unterstützung geschehen kann. Diese Software kann aber immer nur unterstützen, sie wird nie die organisatorischen Probleme lösen können, selbst wenn die hinlängliche Meinung lautet: „*Wenn das so nicht klappt, dann besorgen wir uns eben eine Software, die wird das schon lösen*." Qualität kann nur in das Design solch komplexer IT-Systeme gebracht werden, wenn das Fundament steht, d. h., wenn ein Projekt definiert wird, das alle Aspekte zum Aufbau des Enterprise-Managementsystems berücksichtigt.

Wichtig bei solch komplexen Systemen ist natürlich, dass eine Einführung selbiger entsprechend sicher verläuft. Man muss sich also überlegen, wie man diese Einführung sicher und ganzheitlich erreichen kann, also auch für Finanzen und Controlling, da diese ebenfalls sehr stark reguliert sind, insbesondere in Hinblick auf das Thema SOX (Sarbanes-Oxley Act), EuroSOX (8. EU-Richtlinie, Abschlussprüfungs-Richtlinie, Richtlinie 2006/43/EG des Europäischen Parlaments und des Rates vom 17. Mai 2006) oder GDPdU (Grundsätze zum Datenzugriff und zur Prüfbarkeit digitaler Unterlagen). Denn auch hier sind die Regularien und damit die Anforderungen an Qualität und Kontrollen ähnlich gelagert, wenn es um Themen wie Berechtigung, Change-Management oder auch die Spezifikation des Systems geht. Auf der anderen Seite können wir aus diesen Bereichen durchaus noch einiges lernen, da Themen wie Segregation of Duties im Pharma-Umfeld noch nicht so klar geregelt bzw. formalisiert sind, außer wenn es um die Chargenfreigabe geht. Dabei sehen wir in der Validierung von ERP-Systemen, dass gerade auch hier die Risiken liegen, da z. B. die Wahrung eines Vieraugenprinzips bei der Freigabe von Stammdaten kritisch ist.

Dies steht natürlich im Widerspruch zu einem schlanken IT-System, da man seinen Fokus ausweitet, wenn auch gezielt. Das ist jedoch genau die Praxis, die man v. a. in größeren Unternehmen antrifft. Validierung ist nicht mehr eine reine Sache von GxP-relevanten Systemen, sondern wird auch auf businesskritische Systeme ausgeweitet, da eine dokumentierte Einführung auch für diese unerlässlich ist. Die Projekterfahrung lehrt, dass Projekte oft nur deshalb scheitern, weil man sich nicht über die spezifischen Anforderungen und deren Realisierung klar war. So hat schon R. Grady [5] in den 90er-Jahren bei der Analyse bei Hewlett-Packard erkannt, dass die Kosten für die Testung annähernd exponentiell steigen, je später ein Fehler bei der Einführung entdeckt wird.

Um also ein Enterprise-Managementsystem auch technisch aufbauen zu können, muss man sich über die Daten Gedanken machen, die zum Aufbau und zur Aufrechterhaltung des Managementsystems relevant sind. Wichtig ist hier auch das aktuelle Thema Datenintegrität. Nur durch die Fokussierung auf die wichtigen Daten und klare Definition der Zusammenhänge kann ein solches Managementsystem optimal funktionieren. In Abb. 3 sind die wesentlichen Daten aufgeführt.

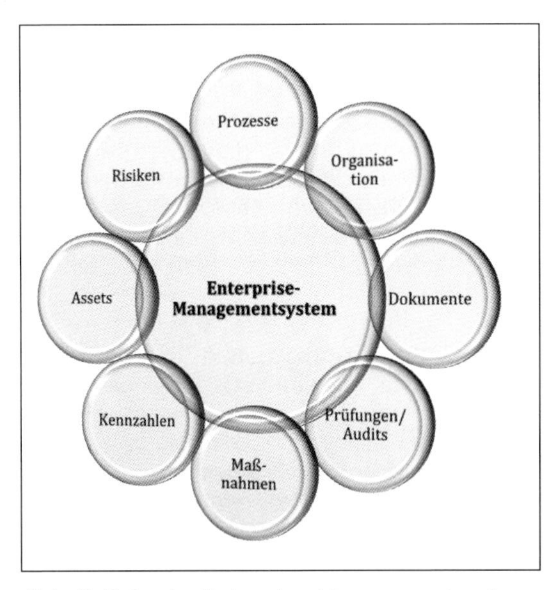

Abb. 3. Daten im Enterprise-Managementsystem.

Die Normen geben dabei klar vor, dass der Prozess im Mittelpunkt des Managementsystems stehen muss; daher muss auf Basis des Prozesses das Managementsystem über seine übliche Prozesspyramide von der Prozesslandkarte über die Unternehmensprozesse zu den Geschäftsprozessen oder noch tieferen Detailprozessen aufgebaut werden. Es ist jedoch wichtiger, die Struktur und die Zusammenhänge klar definiert zu haben, als den Ablauf auf der tiefsten Ebene zu beschreiben. Betrachtet man die Daten genauer, so haben einige mehr Stammdatencharakter und sind daher eher über längere Zeit stabil und andere werden als operative Daten erzeugt und haben evtl. auch nur eine kurzfristige Bedeutung (Abb. 4).

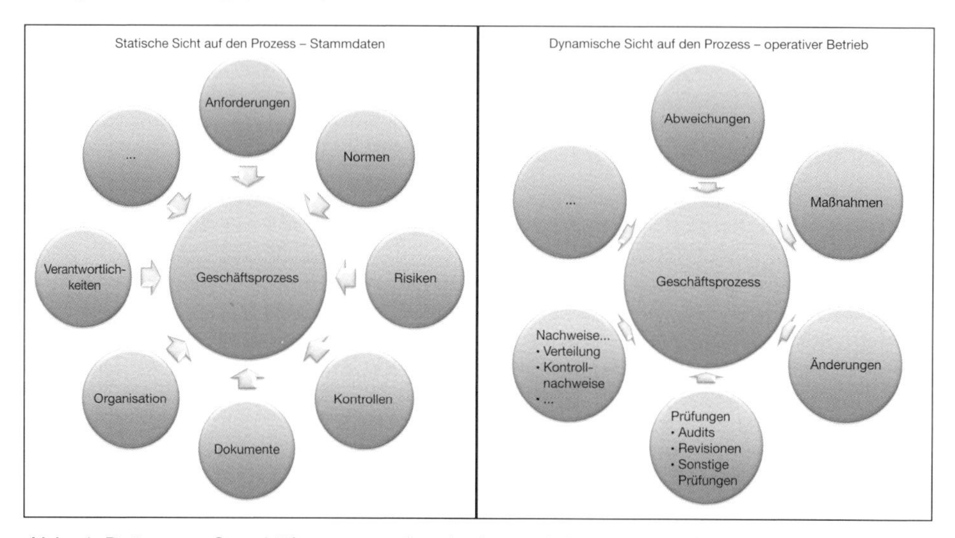

Abb. 4. Daten am Geschäftsprozess (statische und dynamische Sicht).

Bei Stammdaten ist es besonders wichtig, festzulegen, wer diese pflegt. Durch deren Inkonsistenz oder bei Fehlern ergeben sich zwangsläufig auch Probleme im operativen Prozess. Die operativen Daten hingegen sind dort eher unkritisch: Wenn sie sauber definiert sind, passen sie sozusagen von allein in ein späteres Reporting. Für eine operative Umsetzung in einem IT-System ist es also wichtig, dass es die entsprechende Datenbasis liefern kann und zukunftsfähig ist, um späteren erweiterten Anforderungen auch gerecht werden zu können. Der Erfolg wird jedoch an den Kosten bzw. an dem sich aus dem Managementsystem ergebenden Nutzen gemessen werden. Daraus ergibt sich dann die Diskussion über die Kennzahlen, wobei sich bei einer Studie der entero AG und der European Business School [6] gezeigt hat, dass der Erfolg von der Erfassung sowohl finanzieller als auch nicht finanzieller Kennzahlen abhängt. Dabei lassen sich nicht finanzielle Kennzahlen nur durch integrierte Systeme einfach erfassen.

6. Der Weg zum Ziel: Kritische Erfolgsfaktoren

6.1 Qualität vs. Kosten – Erfolgsfaktor Kennzahlen

Welches sind nun die Probleme in der heutigen Pharmawelt bzw. der Life-Science-Industrie? Man muss Werte schaffen bzw. kontrollieren und dabei dennoch die Kosten im Griff behalten. Die Kosten im Blick zu bewahren, heißt aber auch, dass ich sie und damit natürlich auch die Qualität messen muss. Was sind also die Qualitätskennzahlen/-systeme, die mich hier leiten können? Wie kann ich gesamtheitlich solch ein System aufbauen, damit auch der oberste Qualitätsverantwortliche sozusagen auf Knopfdruck den Stand seines QM-Systems vor Augen hat und damit auch sehen kann, wo die Schwachstellen sind. Die Kennzahlen ermöglichen einen Drill Down bis zur eigentlichen Ursache, um dort direkt einzugreifen. Das ist zumindest die Vision. Beim Design der Prozesse muss also das Thema Kennzahlen genauer betrachtet werden, um dies sauber mit den Unternehmenszielen und der Unternehmensstrategie zu verknüpfen. Somit werden die Kennzahlen in einem solchen integrierten System einfach messbar.

6.2 Auditoren im Visier – Line of Defense – Erfolgsfaktor Compliance

Betrachtet man nun das Vorgehen bei üblichen Inspektionen, so wird auch dort klar, dass der Fokus nicht auf die IT-Systeme gerichtet ist, sondern die Prozesse selbst zunächst einmal der wichtigste Aspekt sind. Denn Auditoren betrachten immer den fachlichen Prozess. Nichtsdestotrotz muss man auch definieren, wann ein IT-System sicher genug ist und dies kann nur mithilfe internationaler Standards geschehen, die definieren, welches die Mindestanforderungen an diese Phasen der Einführung aber auch an den Betrieb eines IT-Systems sind. Aspekte außerhalb der „klassischen" Validierung, wie z. B. das Thema Sicherheit (realisiert durch Standards wie dem BSI-Grundschutz oder die ISO 27000er Reihe), müssen mit berücksichtigt werden, insbesondere auch im Hinblick auf die etwas anderen „Inspektoren", nämlich die Wirtschaftsprüfer. Sicherheit beinhaltet dabei nicht nur IT-Sicherheit, sondern auch Anforderungen an sichere Prozesse, so wie sie durch ein Business-Continuity-Management erreicht werden. Es sollten durchgängig einheitliche Qualitätsmaßstäbe angesetzt, d. h. auf einen einheitlichen Standard geachtet werden. Damit steht und fällt die vorgestellte Line of Defense. Auch hier zeigt sich, dass sich mithilfe internationaler Standards auch für die weiteren Managementsysteme Vorteile ergeben können. Außerdem wird jeder Inspektor durch den Verweis auf diesen Standard zunächst einmal zufrieden gestellt.

Ein anderer Standard für Testungen ist z. B. ISTQB® (International Software Testing Qualifications Board): Wie teste ich und v. a. auch wie baue ich meine Teststrategien auf? Man muss sich demnach immer wieder überlegen, wo genau die Probleme in den Prozessen liegen, d. h. wo muss man fokussieren? So wie man im täglichen Arbeitsablauf Prozesse vorrangig behandelt, die einen hohen Stellenwert für das Unternehmen haben, d. h., die relevant für die Wertschöpfung sind. Hier muss jedoch in der Unternehmensführung ein Umdenken erfolgen. Nicht nur die finanziellen Ergebnisse, sondern auch die Qualität müssen auf derselben Ebene berücksichtigt werden. Ohne Qualität folgt kein Business, aber nur mit Qualität allein macht man keinen Gewinn.

6.3 Management-Commitment: Der Weg zum Erfolg eines Enterprise-Managementsystems

Dieser hier vorgestellte Ansatz muss zunächst auf der obersten Geschäftsführungsebene etabliert werden, um für die Mitarbeiter in den einzelnen Bereichen eine Grundlage und damit auch die Chance für Synergien zu schaffen. Management-Commitment lautet hier das Credo, da Projekte i. d. R. genau an diesem fehlenden Management-Commitment scheitern, und zwar auf verschiedenen Ebenen des Managements.

6.4 Fokus auf das Wesentliche: Erfolgsfaktor Risikomanagement

Andererseits kann man nicht alles managen und auch nicht alles kontrollieren. Nur durch eine Fokussierung besteht die Chance, das Business optimal voranzubringen. Jedoch wird das Risikomanagement, das alle modernen Normen fordern, noch immer sehr stiefmütterlich behandelt. Dagegen ist die Risikoanalyse punktuell bereits im Fokus, sie hat aber noch keine Integration in die Prozesse erfahren, es sei denn im Rahmen der Anlagen-, System- oder Prozessvalidierung, aber dies sind eher Einflussanalysen im Rahmen der Herstellung als ein „echtes" Risikomanagement. Existiert ein Unternehmensrisikomanagement, so ist es i. d. R. autonom – ein einfaches Risikoregister. Der große Gewinn aus dem Risikomanagement wird jedoch erst dann offensichtlich werden, wenn es operationalisiert, d. h. von der strategischen in die operative Ebene gebracht ist, was erst in Verbindung mit den Prozessen möglich wird. Nur dann kann es in die tägliche Arbeit einfließen, die Sensibilisierung für und der Umgang mit Risiken gehen in das Bewusstsein der Mitarbeiter über. Blickt man hier allgemein in die Unternehmen, so sehen gerade die großen Wirtschaftsprüfer hier die Zukunft des Risikomanagements.

7. Fazit

Führungskräfte brauchen Kennzahlen, Mitarbeiter eine technische, operative Plattform. Aber v. a. brauchen alle eine gemeinsame Basis für ihre Arbeit: Das sind die Prozesse mit allen ihren Komponenten, die die Basis für ein erfolgreiches Enterprise-Managementsystem bilden.

Vor allem ist jedoch ein Umdenken erforderlich. Man muss seine eigenen Grenzen überschreiten und auf seine „Nachbarn" im Unternehmen zugehen, um eine gemeinschaftliche Lösung für das Unternehmen zu erarbeiten. Das heißt, man muss gelegentlich seine eigenen Interessen etwas hinten anstellen, um ein v. a. gemeinsames Ergebnis zu erzielen, das für alle annehmbar ist. Man wird überrascht sein, dass die Ziele gar nicht so unterschiedlich sind und man durch die Synergien einiges erreicht, was zunächst gar nicht vorstellbar war. Dazu muss es Vorreiter geben und je höher diese in der Hierarchie stehen, desto Erfolg versprechender wird das Unternehmen. Management-Commitment ist wie so oft das Zauberwort. Mit den Worten Machiavellis: *„Eine Veränderung bewirkt stets eine weitere Veränderung"*. Man muss damit einfach nur beginnen.

Literatur

[1] Lux A, Hess J, Herterich R. Towards Enterprise Management Systems – A Generic and Flexible Information Representation Approach. 15th Int. Conference on Enterprise Information Systems (ICEIS), Angers (France); 2013.

[2] Bayerisches Staatsministerium für Wirtschaft, Infrastruktur, Verkehr und Technologie. Managementsysteme im Überblick Qualität – Umwelt – Arbeitsschutz; Juli 2007. http://www.wuerzburg.ihk.de/fileadmin/user_upload/pdf/Innovation_Umwelt/Innovation_Technologie/Managementsysteme.pdf. Letzter Zugriff: 18.9.2014.

[3] Bayerisches Staatsministerium für Wirtschaft, Infrastruktur, Verkehr und Technologie. Aktuelle normierte Managementsysteme; Januar 2011. http://www.stmwi.bayern.de/fileadmin/user_upload/stmwivt/Publikationen/Managementsysteme_aktuell_normiert.pdf. Letzter Zugriff: 18.9.2014.

[4] Ellis K. Business Analysis Benchmark 2009. The Impact of Business Requirements on the Success of Technology Projects.

http://www.iag.biz/resources/library/business-analysis-benchmark.html. Letzter Zugriff: 30.9.2014.

[5] Grady RB. Software Failure Analysis for High-Return Process Improvement Decisions. hpjournal, August 1996: aug96a2 (1–12). http://www.hpl.hp.com/hpjournal/96aug/aug96a2.pdf. Letzter Zugriff: 18.9.2014.

[6] Kennzahlensysteme in der Chemie- und Pharmaindustrie, Oktober 2002. Eine Studie der entero AG und der European Business School, Oestrich-Winkel. http://www.entero.de/uploads/studien/entero-Studie-Kennzahlensysteme.pdf. Letzter Zugriff: 18.9.2014.

Korrespondenz: Dr. Stefan Schaaf, Q-FINITY Qualitätsmanagement, Wallerfanger Straße 27, 66763 Dillingen, E-Mail: stefanschaaf@q-finity.de

Mobile Devices: Chancen und Risiken im GMP-Umfeld

Dr. Wolfgang Schumacher
F. Hoffmann-La Roche AG, Basel (Schweiz)

Zusammenfassung

Der Artikel betrachtet die verschiedenen Möglichkeiten des Einsatzes von Mobile Devices im regulierten GMP-Bereich. Der risikobasierte Ansatz einer App-Validierung wird behandelt und auf die speziellen Probleme bei der Verwaltung der Geräte durch IT eingegangen.

Abstract

Mobile Devices: Opportunities and Risks of their use in the GMP area
The article summarizes the capabilities and advantages to use Mobile Devices in the regulated GMP area. The risk based approach of a validation of an App is discussed. Specific problems in the management of the Mobile Devices by IT are also highlighted.

Key words Mobile Device · Mobile Medical Applications · Mobile App · risikobasierte Validierung · Mobilgeräte · mobile Endgeräte

1. Einleitung

Mobile Internet Devices (Abb. 1) gewinnen seit der Einführung des Apple iPhones im Jahr 2007 und des Android Smartphone Betriebssystems 2008 immer mehr an Bedeutung. Mit dem Erscheinen des Apple iPad als erstem Vertreter der neuen Gerätekategorie „Tablet“ wurde der Markt erheblich erweitert und für „ernsthafte“ Anwendungen salonfähig gemacht.

Auf diesen Geräten sind sog. Apps installiert. Apps sind kleine, spezifisch für eine Aufgabe entwickelte Programme, die über eine zentrale Softwareverteilung auf dem Device installiert werden. Netbooks fallen dagegen als kleinformatige Computer, die üblicherweise mit den Windows-Betriebssystemen arbeiten, unter die Laptops und sind also keine Mobile Devices.

Laut Gartner [1] wurden 2013 weltweit 201 Millionen Tablets verkauft, davon ca. 70 Millionen Apple iPads. Die Anzahl der in Deutschland benutzten Tablets beträgt ca. 18 Millionen Geräte (2013).

Mit der Popularität dieser schnell startenden, einfach mittels Touchpad zu bedienenden Tablets wurde auch ihr Einsatz in der Pharmaindustrie immer beliebter, zuerst natürlich in den Bereichen Marketing und Verkauf, v. a. für die Mitarbeiter im Außendienst.

Definition "Mobile Device"

- Mobile Internet Device
- Handheld mobile devices (smartphones and media tablets)
- Betriebssystem: Mobile Plattform (z.B. Apple iOS, Android)
- Touchscreen
- Multimedia (Video, Audio)
- HTML5-fähiger Browser
- Bildschirm-Diagonale: ca. 3" - 10" Zoll

Abb. 1. Definition: Mobile Device.

2. Einteilung der Apps

Bei den Apps unterscheidet man gemäß FDA-Definition [2] zwischen den beiden Kategorien:

1. Mobile Application
2. Mobile Medical Application

Mobile Applications

Apps, die auf einem Mobile Device als Teil eines GMP-regulierten Programms ausgeführt werden, das auf einem Server im Firmennetzwerk installiert ist.

Mobile Medical Applications

Teil oder Zusatzfunktion eines Medical Devices (Medizinprodukt) im Sinn von Section 201(h) des FD&C Act der FDA, Teil der Zulassung des entsprechenden Medizinprodukts.

Im Folgenden wird hauptsächlich auf die unter 1. genannten Mobile Applications eingegangen, die auf einem Tablet installiert werden.

3. Einsatzbereiche von Mobile Devices

Die variablen Verwendungsmöglichkeiten wurden mittlerweile auch von den klassischen, kontrollierten GxP-Bereichen (s. Infokasten) entdeckt. Im Vordergrund steht hier die Entwicklung von intelligenten Lösungen mit Anbindung an eine serverinstallierte Software, die dem Nutzer Flexibilität und mehr Arbeitsfreude ermöglichen. Viele Anbieter von Apps haben diesen Wachstumsmarkt erkannt und bieten auch vereinzelt schon Lösungen im GMP-Bereich an. Dabei handelt es sich meist um Native Apps, die für ein bestimmtes Betriebssystem (z. B. Apple iOS oder Android) konzipiert werden, oder um Web Apps, die auf der Basis von HTML5 für mehrere Betriebssysteme geeignet sind.

Einsatzbereiche von Mobile Devices und Mobile Medical Devices im GxP-Umfeld

- Lagerbestandsverwaltung, Inventur
- Barcode scannen

Forts. Infokasten nächste Seite

Forts. Infokasten

- Außendienst
- Ärztemusterverwaltung
- labormedizinische Daten und Befunde (Roche)
- Blutdruck-, Blutzuckermessung
- SAP-Apps
  - Clinical Trials Tracker
  - SAP Work Manager
  - SAP Inventory Manager
  - SAP Rounds Manager

Sofern eine Entscheidung für die Entwicklung einer GMP-App getroffen wird, ist zunächst die Plattform zu klären, d. h., welche mobilen Geräte zum Einsatz kommen sollen. Kriterien sind hier:

- technische Möglichkeiten
- Performance
- Benutzerfreundlichkeit
- Sicherheit
- Entwicklungskosten
- Betriebskosten

4. Regulatorische Anforderungen an Mobile Devices

CDRH

Nachdem lange Zeit keine verbindlichen Richtlinien existierten, wurde nach zweijährigem Entwurfsstadium seitens der FDA-CDRH die Guidance „Mobile Medical Applications" im September 2013 publiziert [2]. Dieses 48 Seiten umfassende Dokument ist zwar kein essenzieller Teil des Code of Federal Regulations (CFR) und kann nicht direkt bei Inspektionen eingefordert werden, stellt jedoch die aktuelle Sicht der Behörde dar. Hier wird auf die in Kap. 2 unter 2. genannten Mobile Medical Applications eingegangen; einige Regelungen sind aber auch für den Betrieb der Mobile Applications gut anwendbar.

GAMP®

Für die unter Kap. 2 unter 1. genannten Mobile Applications ist bisher (Stand: September 2014) noch keine spezifische Guideline publiziert worden. Seitens GAMP® wurde eine neue Industrie-Richtlinie in Aussicht gestellt. Bis zum Vorliegen solcher Anforderungen sollte bei der Validierung auf traditionelle Ansätze zurückgegriffen werden.

5. Chancen und Risiken

Die Verwendung von Mobile Devices stellt den pharmazeutischen Unternehmer vor einige Herausforderungen, bei denen Chancen und Risiken abgewogen werden müssen, um einen GMP-gerechten Betrieb sicherzustellen. Anwender werden erfahrungsgemäß sehr erfreut über den Erhalt eines Devices sein, das mit fortschrittlichem Design zur Bedienung der GMP-Software einladen kann.

Bei der erforderlichen Validierung müssen die Risiken auf ein akzeptables Niveau reduziert werden.

5.1 Mobile Devices – Probleme

Generelle Probleme beim Einsatz von Mobile Devices können sein:

- viele verschiedene Modelle
- kurzer Lebenszyklus einer Generation (< 1 Jahr)
- User wollen eigene Devices einsetzen (BYOD)
- kein Problembewusstsein beim Nutzer
- viele verschiedene Betriebssysteme (OS)
- häufige Updates des OS
- nur sehr kurzer Testzeitraum des OS (wenn überhaupt)
- kaum Informationen der Hersteller zum OS

5.2 Entwicklung einer GMP-App: Fragen

Zu Beginn sind einige Fragen zu klären, die die Auswahl von Devices (z. B. Smartphone und/oder Tablet) und Betriebssystemen (z. B. iOS, Android oder andere) entscheidend beeinflussen:

- Welche(s) Device(s) kommen zum Einsatz?
  - nur WiFi
  - WiFi mit Sim-Karte
  - Screen-Mindestgröße
- Wie heißt die genaue Definition der Verwendung?
  - On-site-/Off-site-Datenübertragung
  - Welche GMP-Daten sollen gemanaged werden?
  - Kritikalität der Aufzeichnungen?
  - elektronische Unterschrift erforderlich?
- Welche OS-Version?

6. Validierung einer GMP-App

Wenn man mit der Aufgabe konfrontiert wird, eine App zu validieren, die GMP-kritische Funktionen unterstützt, kann man derzeit nicht auf Material aus der Fachliteratur zurückgreifen. Es ist daher ratsam, einen traditionellen Ansatz zu wählen, der im Fall einer behördlichen Überprüfung gut verständlich und nachvollziehbar ist.

7. Projektdokumentation

Eine klare Aufgabenstellung mit:

- detaillierter Beschreibung des zu lösenden Problems
- Anzahl der Nutzer

- regionaler Verbreitung/unterstützten Sprachen
- Performance-Erwartungen

sollte einer Genehmigung des Projekts vorangestellt werden. Dabei ist eine klare Entscheidung für eine Plattform, d. h. ein (oder mehrere) mögliche Device-Modelle, unumgänglich.

8. Projektrisiko

Die Risiken eines solchen Projekts (die GMP-Risiken werden später behandelt) sollten klar herausgestellt werden, da bei Nichtakzeptanz der zu entwickelnden App sehr große Enttäuschung mit der neuen, „coolen" Technologie zu erwarten ist. Sofern noch keine interne Erfahrung mit der einzusetzenden Hardware und v. a. den zahlreichen unterstützenden Softwaremodulen vorliegen sollte, ist extreme Vorsicht geboten: das interne Firmennetzwerk, in das die Devices mittels WLAN eingebunden werden sollen, muss ggf. aufgerüstet werden, z. B. die Enterprise-Site-Bus(ESB)-Architektur.

9. Aufbau der Validierung

Bei einem konventionellen Validierungsansatz einer App als Teil einer auf einem Server installierten GMP-regulierten Businesssoftware, die für ein Tablet (z. B. iPad) entwickelt wird, sind u. a. folgende Dokumente zu erstellen (Tab. 1).

Tab. 1. Validierungsdokumentation einer GMP-App.

Document/Record Type	**Document/Record Type**
• GMP Risk Assessment	• Verification
• Validation Plan	• Training/Communication Material
• User Requirements	• Procedure(s) for operation of the system
• Specification URS	• Deployment Plan
• Funktional Specification (FS)	• Test Cases
• Supplier Assessment/Audit Report	• Test Deviation Log
• Design Specification (DS)	• Test Report(s)
• Functional Risk Assessment	• Validation Registry
• Test Plan	• Validation Report
• Traceability Matrix	• Rollout Plan
• Infrastructure Commissioning Documents	
• Software Installation	

Nicht alle aufgeführten Dokumente sind zwingend aus GMP-Sicht vorgeschrieben, jedoch ratsam, um die Nachvollziehbarkeit des Ansatzes sicherzustellen. Die an der Validierung beteiligten Personen (IT System Owner, IT Security Device Experten, Tester) sollten ausreichende Kenntnisse zur Technologie und den kritischen Infrastrukturelementen besitzen. Für die Durchführung der Tests (UAT) der GMP-Funktionen sind Business-Vertreter (Process Owner, Nutzer) zwingend einzubeziehen.

10. Risikoanalyse

GMP

Die nachvollziehbare Analyse und Bewertung der GMP-Risiken ist der wichtigste Schritt zu Beginn der Validierung. Hier wird festgelegt, welcher Einfluss des Devices mit seiner App auf die Qualität der Produkte, Sicherheit des Patienten und Integrität der Daten vorliegt. Es ist dabei empfehlenswert, Geschäftsrisiko und Patientenschutz separat zu bewerten, z. B. mittels einer FMEA [3], die eine unterschiedliche Gewichtung der Risiken zulässt:

Business Related Risk

- Business Risk
- Compliance Risk
- Patient Risk

Technical Related Risk

- Application Risk
- Infrastructure Risk

Daten

Die Risikoanalyse der auf dem Mobile Device gespeicherten Daten kann in drei generelle Kategorien eingeteilt werden:

1. nur Präsentationsfunktion – niedriges Risiko
2. Ausführung von GMP-Transaktionen, temporäre Datenspeicherung – mittleres Risiko
3. GMP-Aufzeichnungen (records) auf dem Device permanent gespeichert – hohes Risiko

Sofern personenbezogene Daten (z. B. Patientendaten) mittels der entwickelten App gemanaged werden sollen, sind weitere zusätzliche Data-Privacy-Kriterien zu berücksichtigen, besonders wenn der Geltungsbereich außereuropäische Staatsbürger (z. B. USA, Russland, China) einschließt.

Wichtigste Elemente bei der Bewertung personenbezogener Daten:

- Data Storage
- Data Confidentiality
- Data Integrity
- Data Availability
- Data Privacy
- Data Management

Für die Klassifizierung der Daten ist eine erfolgreiche Zusammenarbeit mehrerer Bereiche nötig: v. a. die Rechtsabteilung wird in die Bewertung einbezogen, da international harmonisierte Rechtsvorschriften nicht existieren:

- System Owner (IT)
- Business Process Owner/Data Owner
- Projektmanager
- Security Officer, Rechtsabteilung
- Quality

11. Elektronische Unterschrift – Datenintegrität

Sehr viele pharmazeutische Prozesse werden mittels elektronischer Unterschriften abgeschlossen. Mobile Devices können solche Signaturen zwar technisch einfach bewerkstelligen, stellen aber dennoch eine besondere Herausforderung dar: falls ein Device nicht über WLAN oder SIM-Karte mit dem Firmennetzwerk und dem Zeitserver verbunden ist, können Datum und Uhrzeit vom User normalerweise verändert, d. h. nach Bedarf eingestellt werden; erst nach erneuter Verbindung mit dem Netzwerk erfolgt eine Zeit-Synchronisation. Damit wäre es prinzipiell möglich, den Zeitpunkt einer elektronischen Unterschrift (Abb. 2) zurückzudatieren und ggf. Daten zu verfälschen.

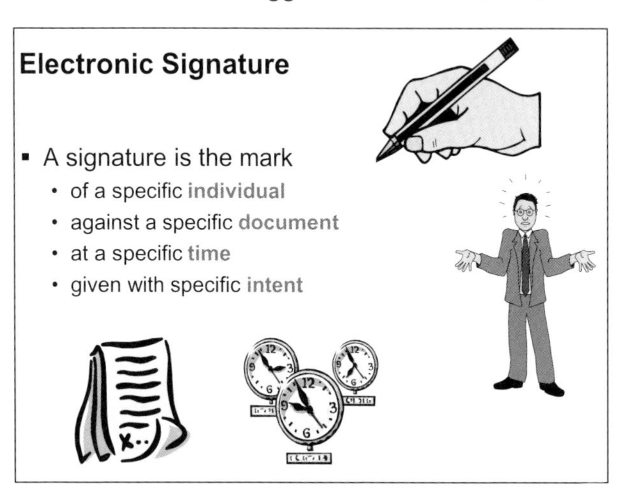

Abb. 2. Charakteristik der elektronischen Unterschrift.

Das Design der App sollte daher eine elektronische Unterschrift nur zulassen, sofern eine Datenverbindung mit dem Server besteht. Im Zug der Validierung ist daher eine entsprechende Prüfung dieser Funktionalität in die System- und Akzeptanztests aufzunehmen.

12. Aufrechterhaltung des validierten Zustands

Im Zug der Validierung wird eine App mit einer (oder mehreren) Versionen des Betriebssystems entwickelt und getestet. Die Hersteller dieser Betriebssysteme bringen jedoch mehrfach pro Jahr große Releases und oft sogar im Abstand weniger Wochen kleine Updates auf den Markt. Diese Releases/Updates werden dem Nutzer automatisch per App-Store angeboten und können (sofern das Device hierfür freigeschaltet ist, also in den allermeisten Fällen) sofort installiert werden. Mit einer neuen Betriebssoftware ist die Validierung zu überprüfen und zu dokumentieren.

Für den Betreiber einer validierten App bedeutet dies, dass er die neue Version des Betriebssystems mindestens mit den kritischen Systemfunktionen testen sollte; hierfür stehen – wenn überhaupt – nur wenige Tage bis Wochen Zeit zur Verfügung, in der ggf. ein Update oder ein Patch für die App entwickelt werden muss oder die Nutzer über Probleme und Einschränkungen informiert werden können. Die damit in Verbindung stehenden Folgekosten einer App-Entwicklung werden oft nur unzureichend ermittelt.

13. Trends: Bring Your Own Device BYOD

Ein interessanter neuer Trend [4] ist auf dem Markt zu beobachten: immer mehr Firmen ziehen es vor, den Mitarbeitern als Nutzern von Mobile Devices die Beschaffung der Geräte zu überlassen, um deren Zufriedenheit zu verbessern und die Kosten zu senken. Unternehmensdaten werden damit zusammen mit privaten Daten des Mitarbeiters gehalten und evtl. vermischt. Weiterhin wird die Bandbreite der verwendeten Geräte und Betriebssysteme extrem erweitert, mit erheblichen Auswirkungen auf den GMP-konformen Einsatz der Apps. Es bleibt abzuwarten, wann auch diese Strategie auf den GMP-Bereich ausgedehnt wird.

14. Sicherheitsrisiken - Zugriff auf vertrauliche/GMP-Daten

Mobile Devices werden heute von den Nutzern mit sehr geringem Risiko-Bewusstsein gehandhabt. Der Zugang ist extrem leicht: oft werden nur vier Zahlen benötigt, die bei vielen Geräten über ein mit dem Finger nachzuzeichnendes „Muster" ersetzt werden, das allerdings durch die Handschweiß-/Fettrückstände gut nachvollzogen werden kann, ohne die Zahlen zu wissen. Dadurch besteht bei gestohlenen oder liegengelassenen Geräten die Gefahr, dass Unbefugte Zugang zu vertraulichen Firmendaten erhalten.

Nach einem solch einfachen Erstzugang können die auf dem Device gespeicherten Passwörter ohne Schwierigkeiten mithilfe von im Internet verfügbarer Hackersoftware ausgelesen werden. Dies stellt ein erhebliches Risiko für vertrauliche Daten (Patienteninformationen, patentgeschützte Prozesse) des pharmazeutischen Unternehmers und ggf. auch persönliche Informationen des Nutzers dar (Abb. 3).

Sicherheitsrisiken - Zugriff auf vertrauliche/GMP-Daten

Problem

- Diebstahl des Devices
  - Großer "Schwarzmarkt" für gestohlene Devices in Internet
- Verschlüsselung der Nutzerdaten meist unzureichend
  - Passwörter können ausspioniert werden
- Hacking/Malware
  - Virenschutz oft nicht ausreichend

Maßnahmen

- Entfernung verseuchter oder gestohlener Devices muss remote möglich sein
- Installation "riskanter" Apps verbieten (Banned Software Liste)

Abb. 3. Sicherheitsrisiken beim Betrieb.

Sofern ein Gerät nicht mehr vorhanden ist, sollte die Möglichkeit bestehen, es im Firmennetzwerk zu sperren und alle gespeicherten Daten remote zu löschen. Somit reduziert sich der entstandene Schaden auf den zu verschmerzenden Verlust der Hardware.

Mit der Verbreitung der Mobile Devices wächst auch die Anzahl der verbreiteten Schadsoftware (Viren, Trojaner, Würmer), die mittels kostenlosen, infizierten „fancy“ Apps sehr gut verbreitet werden können, die Hackern eine neue Einnahmequelle gewährleisten sowie Nutzern und Firmen Kopfschmerzen bereiten.

15. Fazit

Bislang sind nur wenige GMP-Apps auf dem Markt verfügbar; aktives Marketing erfolgt v. a. durch Anbieter, die Apps für Bereiche mit indirektem Einfluss auf die Produktqualität und Patientensicherheit anbieten, z. B. Trainings- und Dokumentationsmanagement. Kritische GMP-Aktivitäten (Chargenfreigabe) werden noch nicht durch Mobile Devices abgedeckt; solche Apps werden aber sehr bald erhältlich sein, da große Nachfrage besteht.

Bei der Entscheidung für die GMP-Nutzung von Mobile Devices im Unternehmen müssen zusätzliche Kosten und Zeitaufwand bei Validierung, Implementierung und Betrieb eingeplant werden.

Die Investition in die Mobile Devices wird sich mit Sicherheit mittel- bis langfristig auszahlen, da die Entwicklung der Technologie fortschreitet und damit die laufende Verbesserung des User Interfaces gewährleistet ist.

Mobile Devices im klassischen GMP-Umfeld – Zusammenfassung

- zahlreiche Verwendungsmöglichkeiten und sinkende Gerätepreise machen den Einsatz sehr attraktiv
- GMP-Nutzung bei validierter App möglich
  - Klassifizierung der App und intensive Risikoanalysen sind essenziell zur Definition des Validierungsansatzes
  - Validierung und Change Control nehmen oft aufgrund fehlender Erfahrung mehr Zeit als geplant in Anspruch
- Sicherheitsrisiken werden heruntergespielt
  - schlüssiges Sicherheitskonzept ist erforderlich
- bisher keine klare Position/Inspektionserfahrung der Gesundheitsbehörden zum GMP-Einsatz verfügbar

Literatur

[1] Gartner Newsroom. http://www.gartner.com/newsroom/id/2525515. Letzter Zugriff: 27.9.2014.

[2] Mobile Medical Applications, Guidance for Industry and Food and Drug Administration Staff. http://www.fda.gov/downloads/MedicalDevices/DeviceRegulationandGuidance/GuidanceDocuments/UCM263366.pdf. Letzter Zugriff: 27.9.2014.

[3] DIN EN 60812:2006-11: Analysetechniken für die Funktionsfähigkeit von Systemen - Verfahren für die Fehlzustandsart- und -auswirkungsanalyse (FMEA) (IEC 60812:2006); Deutsche Fassung EN 60812:2006. Berlin: Beuth 2006.

[4] Gartner IT Glossary. http://www.gartner.com/it-glossary/bring-your-own-device-byod. Letzter Zugriff: 27.9.2014.

Korrespondenz: Dr. Wolfgang Schumacher, F. Hoffmann-La Roche AG, Building 683 / 3B 102, CH-4070 Basel (Schweiz), E-Mail: wolfgang.schumacher@roche.com

SAP im GMP-Umfeld

Edgar Röder

DHC Dr. Herterich & Consultants GmbH, Saarbrücken

Zusammenfassung

Eine Implementierung von SAP ERP im regulierten Umfeld stellt besondere Anforderungen an Projektplanung und Projektdurchführung. Zum einen sollen die neuen Prozesse möglichst effizient gestaltet werden, um Zeit und Kosten zu sparen. Gleichzeitig bewegt man sich in einem engen gesetzlichen Rahmen, der die Sicherheit von Produkt und Patient gewährleisten soll. Außerdem muss auch die Software an sich besonderen Anforderungen hinsichtlich Datensicherheit, elektronischen Signaturen und elektronischen Aufzeichnungen genügen. Und nicht zuletzt belasten die Validierungsaufgaben als signifikanter Kostenblock das Projektbudget.
Wenn die Anwendung darüber hinaus noch an unterschiedlichen Standorten implementiert werden soll, sind lokale Besonderheiten gegen die globale Harmonisierung von Abläufen zu bewerten.
In diesem Spannungsfeld zwischen Effizienz und Compliance gilt es, den bestmöglichen Weg für jedes Unternehmen zu finden.

Abstract

Implementation of SAP in the Regulated Industries

Any Implementation of SAP in the regulated industries is challenging project planning and execution. On the one hand, all new processes shall be constructed as efficient as possible to save time and costs, on the other hand, the legal and regulatory framework ensuring patient safety and product quality is very narrow. In addition the software has to satisfy special requirements regarding data safety, electronic signatures and electronic records. And last but not least validation efforts are a significant cost factor for any project budget.
If in addition the application will be rolled out to different sites, local interests have to be weighed against global harmonization of procedures.
In this area of conflict between efficiency and compliance it is important to find the best possible way for any business.

Key words GAMP · Prozesse · risikobasiert · Rollout · SAP ERP · Validierung

1. Merkmale einer SAP-ERP-Einführung im GMP-Umfeld

ERP-Software ist per se dazu konzipiert, nahezu alle geschäftsrelevanten Abläufe – auch GMP-kritische – in einem Unternehmen zu unterstützen. Damit ist jedes ERP-System inhärent sehr komplex. Diese Komplexität in den Griff zu bekommen, ist eine der Hauptaufgaben bei der Planung eines entsprechenden Einführungs- und Validierungsprojekts.

In den DHC-Projekten hat sich eine Mischung zwischen risikobasierter Validierung nach GAMP® 5 und einer prozessorientierten Anforderungsdokumentation bewährt.

2. Risikobasierte Validierung nach GAMP® 5

Alle computergestützten Systeme, die im GMP-Umfeld zur Unterstützung GMP-kritischer Prozesse eingesetzt werden sollen, sind vor deren Einsatz (also prospektiv) zu validieren. Einen de-facto-Standard zur Durchführung einer solchen Validierung definiert die ISPE in GAMP® 5 [1]. Softwareprodukte werden hier nach dem erwarteten Risiko für die Sicherheit des Patienten (oder für die Qualität des Produkts) beurteilt. Dabei wird ebenfalls der Reifegrad der Software und des Softwarelieferanten berücksichtigt. Das führt dann zu einer Einteilung computergestützter Systeme (oder Teilsysteme) in folgende Kategorien:

Kategorie 1: Infrastruktursoftware

Kategorie 3: nicht konfigurierte Produkte

Kategorie 4: konfigurierte Produkte

Kategorie 5: anwenderspezifische Software

Anmerkung: Bis zur Version 4 des GAMP®-Guide gab es auch die Kategorie 2. Sie ist in den anderen Kategorien (ohne Anpassung der Nummerierung) aufgegangen.

In dieser Reihe nimmt das Risiko von oben (Kategorie 1) nach unten (Kategorie 5) zu.

Entsprechend dieser Einstufung werden dann die Aktivitäten zur Spezifikation und Verifikation der Systeme definiert. Je höher das erkannte Risiko ist, desto detaillierter muss das entsprechende System spezifiziert und verifiziert werden. Die entsprechenden Dokumente/Aktivitäten sind in der folgenden Abb. 1 schematisch dargestellt. Die Abfolge der Tätigkeiten muss dabei (vom Gesamtsystem aus gesehen) nicht zwingend linear sein. Für unterschiedliche Teile eines Systems können die Schritte unterschiedlich schnell (oder auch mehrfach) durchlaufen werden.

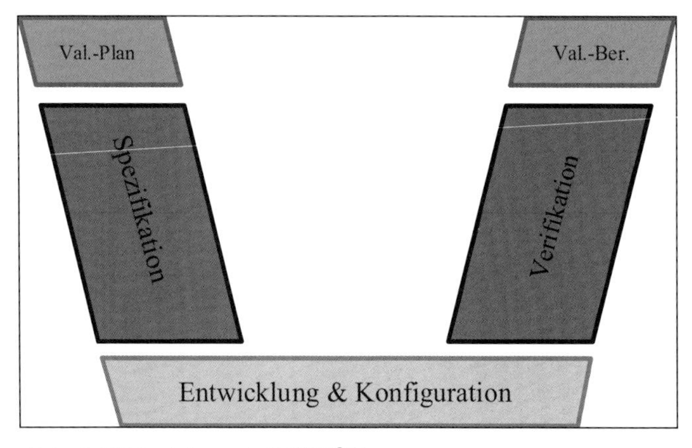

Abb. 1. V-Modell nach GAMP® 5.

Die Spezifikation (absteigender Ast des V) definiert – je nach Kategorie des Systems – die Anforderungen der Benutzer:

Kategorie 1: lediglich der Name und die Version des Systems werden aufgezeichnet

Kategorie 3: die beabsichtigte Nutzung des Systems wird ebenfalls beschrieben

Kategorie 4: zusätzlich werden die (funktionalen) Anforderungen an das System und deren Umsetzung durch die (beabsichtigte) Konfiguration des Systems beschrieben

Kategorie 5: die Realisierung der funktionalen Anforderungen an das System und das genaue Design dieser Realisierung (z. B. durch Programmierung) werden spezifiziert

Die Verifikation (aufsteigender Ast des V) beschreibt – auch hier in Abhängigkeit von der Kategorie – die dokumentierte Überprüfung der vorher definierten Anforderungen:

Kategorie 1: im Rahmen einer Installationsqualifizierung (IQ) wird die korrekte Bereitstellung des Systems nachgewiesen

Kategorie 3: Anwenderakzeptanztests (PQ) prüfen, ob die beabsichtigte Nutzung des Systems reproduzierbar durchgeführt werden kann

Kategorie 4: Konfigurationstests weisen nach, dass die tatsächliche Konfiguration des Systems der beabsichtigten entspricht (z. B. in Form eines Reviews)

Kategorie 5: zusätzliche funktionale Tests (OQ) prüfen, ob die Umsetzung innerhalb der definierten Rahmenbedingungen konsistent die funktionalen Anforderungen (und zusätzliche Qualitätskriterien) erfüllt

In einem komplexen System wie SAP ERP kommen in unterschiedlichen Teilen alle oben beschriebenen Kategorien vor:

- Das Grundsystem (SAP-GUI, Datenbank u. a.) kann als Infrastruktursoftware behandelt werden (Kategorie 1).
- Große Teile des Systems können als Standardsystem ohne weitere Konfiguration out of the box verwendet werden (Kategorie 3).
- Vor allem in Bereichen, die außerhalb der Kernprozesse des Unternehmens liegen, wird eine Nutzung der durch den Hersteller vorgesehenen Konfigurationseinstellungen ausreichen, um die Geschäftsprozesse abzubilden und damit die Benutzeranforderungen erfüllen zu können (Kategorie 4).
- Bei Abläufen, die die Kernkompetenz des Unternehmens bzw. dessen Alleinstellungsmerkmale darstellen, wird man nicht um Programmanpassungen herumkommen (Kategorie 5).

Wie kann man nun die Bereiche sicher identifizieren, auf die diese Kategorien (und damit die risikobasierte Skalierung notwendiger Validierungsaufwände) anwendbar sind?

3. Anforderungsdefinition

Ein ERP-System muss einerseits flexibel an das jeweilige Geschäftsmodell anpassbar sein, andererseits ist aufgrund der Rahmenbedingungen (gesetzliche Vorgaben, ähnliche Prozesse in unterschiedlichen Unternehmen, Kostendruck) eine starke Standardisierung wünschenswert. Daher ist die Definition der Anforderungen an das System zur Unterstützung der eigenen Geschäftsprozesse unter Beachtung von Industrie- und Softwarestandards eine Kernaufgabe jedes Einführungsprojekts.

Der im Folgenden beschriebene Ansatz der prozessorientierten Validierung (Abb. 2) nutzt diese unterstützten Prozesse des Unternehmens zur Strukturierung der Validierungsdokumentation und der durchzuführenden Schritte des Vorgehensmodells (z. B. Testebenen).

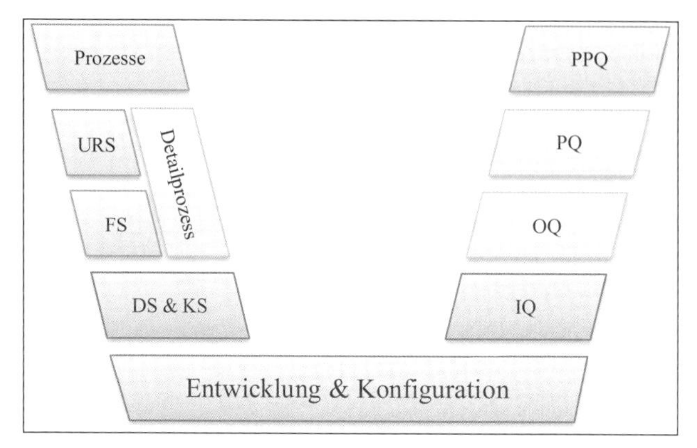

Abb. 2. Prozessorientierte Validierung.

4. Beabsichtigte Nutzung (Prozesse)

Zunächst werden die durch das System zu unterstützenden Geschäftsprozesse identifiziert bzw. definiert und in einer Prozesslandkarte (im einfachsten Fall eine Liste der Prozesse) dokumentiert. Dabei steht weniger die Systemunterstützung, als vielmehr die Sicht des Business im Mittelpunkt.

Typische Geschäftsprozesse sind z. B.:

Order to cash: Ein Auftrag wird erfasst, bearbeitet und führt zum gewünschten Ertrag.

Procurement to pay: Eine Beschaffung beim Lieferanten wird initiiert, die Ware geliefert und bezahlt.

Zur Dokumentation dieser Geschäftsprozesse können grafische Methoden wie Swimlanes oder Flussdiagramme eingesetzt werden. Die Darstellung der Prozesse erfüllt dabei gleich mehrere Aufgaben:

- Während des Projekts (und auch danach) wird die beabsichtigte Nutzung des Systems festgehalten.
- Sie stellen die Grundlage für die Ablaufbeschreibungen der späteren Anwenderakzeptanztests dar.
- Die einzelnen Schritte der Geschäftsprozesse werden als Detailprozesse näher beschrieben (Abb. 3). Hierbei liegt dann das Hauptaugenmerk auf der Unterstützung durch die einzelnen Module und Funktionalitäten des Softwaresystems.

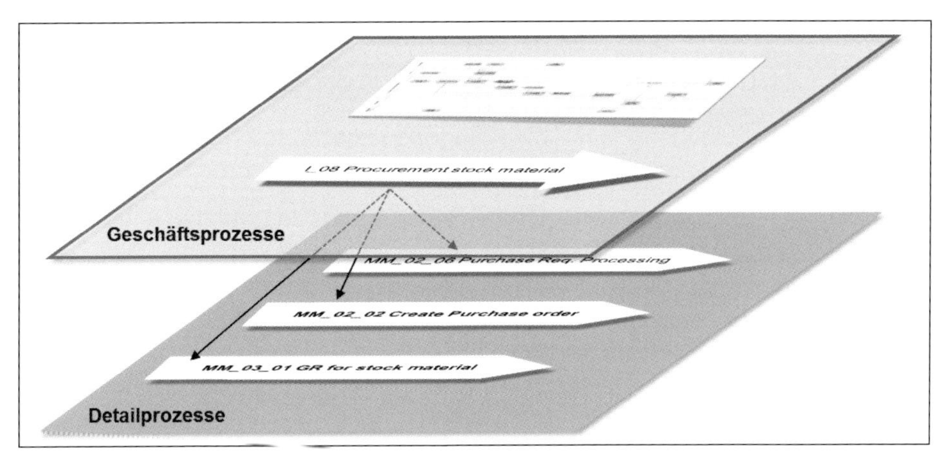

Abb. 3. Geschäftsprozesse und Detailprozesse.

5. Benutzeranforderungen

Die Benutzeranforderungen an das Softwaresystem werden basierend auf den identifizierten Geschäftsprozessen bzw. deren Bausteinen, also den Detailprozessen, strukturiert. Hierzu hat sich die Auflistung in einer sog. Business Process Master List (BPML) bewährt. In ihr werden alle Detailprozesse aufgeführt, die durch das System unterstützt werden (sollen).

Der Zusammenhalt der Detailprozesse innerhalb der Geschäftsprozesse wird hier zusätzlich in einer Matrix (Geschäftsprozesse zu Detailprozessen) dokumentiert.

Zusätzliche (systemnahe) Detailprozesse ohne Fundierung in den Geschäftsprozessen des Unternehmens ergeben sich aufgrund gesetzlicher Auflagen (z. B. Datenmigration) oder technischer Gegebenheiten (z. B. Stammdatenpflege).

Zusammen mit der Definition der Abläufe in den Detailprozessen sollten die funktionalen Benutzeranforderungen (URS: User Requirement Specification) an das ERP-System innerhalb dieser Detailprozesse beschrieben werden. Zur Darstellung der Prozesse können grafische Methoden wie Flussdiagramme, ereignisgesteuerte Prozessketten (EPK), Turtle-Diagramme oder auch textuelle Ablaufbeschreibungen benutzt werden. Die Beschreibung der Detailprozesse wird dabei parallel zur weiteren Ausarbeitung der Spezifikation immer weiter zu einer Beschreibung der tatsächlichen Abläufe im SAP-ERP-Zielsystem verfeinert.

Anmerkung: Theoretisch ist es natürlich möglich, eine solche Prozesshierarchie über mehr als zwei Ebenen zu definieren, aber auch dann gibt es jeweils eine Schnittfläche in dieser Prozesspyramide, wo die Anwendersicht (Geschäftsprozesse) und die Systemsicht (Detailprozesse) aufeinander treffen. Vereinfacht kann man also – wie hier beschrieben – von zwei Schichten ausgehen.

Teile der Prozessstruktur können dem Projekt auch bereits von außen vorgegeben sein, wie z. B. durch SAP-Prozessbeschreibungen des Implementierungspartners in Form von EPK. In diesem Fall dienen sie als Beschleuniger für das Projekt, da keine komplette Neumodellierung, sondern nur noch kundenspezifische Anpassungen der Referenzprozesse durchgeführt werden müssen.

6. Weichenstellung in der funktionalen Spezifikation (FS)

Die Einstufung der Anforderungen aus der URS in die Kategorien 3, 4 und 5 gemäß GAMP® 5 erfolgt in der FS. Üblicherweise erfolgt dies implizit, indem man einzelnen Realisierungsoptionen die Kategorien zuschreibt:

- Standard entspricht Kategorie 3.
- Berechtigungen, Customizing, Query-Reports und Stammdaten entsprechen Kategorie 4.
- Entwicklungen (User Exits, Modifikationen, neue Transaktionen) entsprechen Kategorie 5.
- Organisatorische Regelungen und nicht realisierte Anforderungen werden separat behandelt.

In manchen Projekten (insbesondere wenn die Benutzeranforderungen gemeinsam mit den Systemexperten erarbeitet werden), macht es Sinn, die beiden Dokumente URS und FS in einem Business-Blueprint zu vereinen.

7. Konfigurationsspezifikation (KS)

Die Anforderungen der Kategorie 4 werden in der KS (oft ein Teil der FS) näher spezifiziert. Hierbei ist es aufgrund der Vielzahl an Einstellungen sinnvoll, nur die allgemeinen Regeln für die Konfiguration zu spezifizieren. Das SAP ERP bietet mit dem Einführungsleitfaden (Implementation Guide, IMG) eine zentrale Stelle zur Dokumentation aller Konfigurationseinstellungen innerhalb des Systems selbst.

8. Designspezifikation (DS)

Die Realisierungswege für Anforderungen der Kategorie 5 werden in den DS näher ausgearbeitet. Während URS, FS und KS analog zu den Detailprozessen (gleiche Codierung) strukturiert werden können, ist es bei der DS sinnvoller, eine unabhängige Strukturierung (z. B. nach Modulen, Art der Entwicklung) zu verwenden (Abb. 2).

9. Risikobasierter Ansatz

Durch ein geeignetes Risikomanagement können die Aufwände im Rahmen einer SAP-ERP-Validierung sinnvoll fokussiert bzw. minimiert werden.

Ein High Level Risk Assessment (HLRA) bestimmt zu Beginn des Projekts die Einstufung des Gesamtsystems oder – im Fall von SAP ERP – der einzelnen einzuführenden Komponenten (Module, Subsysteme) als relevant für GMP oder andere Compliance-Regularien (SOX, Datenschutz u. a.).

Auf Ebene der Detailprozesse kann (i. d. R. nach Fertigstellung der URS) durch ein Compliance Assessment bestimmt werden, welche Detailprozesse als GMP-relevant eingestuft werden müssen.

Regelmäßig durchgeführte Risikoanalysen (RA) auf Detailprozess- und/oder funktionaler Ebene überwachen zusätzlich entstehende Risiken und entsprechende behandelnde Maßnahmen.

10. Nachverfolgbarkeit

Alle im Lauf des Projekts erstellten Dokumente müssen im regulierten Umfeld den Anforderungen an eine gute Dokumentation genügen. Das bedeutet, dass alle Dokumente gelenkt, versioniert, von autorisierten Personen geprüft und freigegeben sein müssen.

Es ist sicherzustellen, dass die einzelnen Teile der Anforderungsspezifikation einander auch am Ende des Projekts und während der gesamten Lebensdauer des ERP-Systems (und auch der entsprechenden Verifikationsaktivitäten) zugeordnet werden können. Daher werden alle Anforderungen (in angemessener Granularität) nummeriert. Die jeweils nachfolgenden Dokumente können (und müssen) sich dann auf diese nummerierten Einzelkomponenten beziehen.

Dadurch kann nachverfolgt werden, welche Anforderungen umgesetzt wurden, wie diese Umsetzung erfolgte und wie sie am Ende verifiziert wurde.

11. Konfiguration und Entwicklung des Systems

Nachdem die Anforderungen an die Konfiguration und ggf. neu zu entwickelnde Anpassungen des Systems spezifiziert wurden, können diese durch entsprechend qualifizierte Implementierungspartner durchgeführt werden. Die Eignung sollte anhand einer Lieferantenbewertung (IT-Audit) geprüft und/oder durch geeignete Schulungsmaßnahmen sichergestellt werden.

Im Rahmen dieser Phase können natürlich auch alternative (z. B. agile) Entwicklungsmethoden eingesetzt werden.

Im Umfeld von SAP werden Entwicklungs- und Einstellungsarbeiten i. d. R. nicht im Produktivsystem durchgeführt, sondern in einem separaten Entwicklungssystem. Hier kann der Implementierungspartner zusammengehörige Arbeiten in Paketen zusammenfassen, die dann später in ein anderes SAP-System „transportiert" werden. Zum ungestörten Testen der fertigen Pakete wird i. d. R. ein eigenständiges Test- oder Qualitätssicherungssystem verwendet.

Anmerkung: „Ungestört" bezieht sich hierbei sowohl auf Störungen des Tests durch weitere (evtl. noch fehlerbehaftete) Entwicklungsarbeiten im Entwicklungssystem als auch auf Störungen des Produktivbetriebs durch Testläufe im Produktivsystem.

12. Verifikation der Anforderungen

Im Rahmen einer Validierung kommt dem dokumentierten Nachweis der Erfüllung der vorher spezifizierten Anforderungen eine Schlüsselrolle zu. Alle folgenden Aktivitäten sind gemäß anerkannter Teststandards (wie z. B. ISO 29119 [2]) vorher zu planen und durchzuführen. Dabei ist mindestens ein Vieraugenprinzip (unabhängiger Review und Genehmigung für Plan und Durchführung) zu wahren.

13. Bereitstellung des Systems

Im ersten Schritt der Verifikation muss sichergestellt werden, dass das richtige System getestet wird. Dies geschieht im Rahmen der IQ:

- Die korrekte Installation des Grundsystems (inklusive Voraussetzungen an darunterliegende Software und Hardware) wird gegen die Installationsanleitung des Lieferanten (SAP, Hosting- oder Implementierungspartner) geprüft. Dieser Teil erfolgt einmal für die (mindestens) drei Systeme (Entwicklung, Qualitätssicherung und Produktiv).

- Die Bereitstellung der spezifizierten Konfiguration und/oder Entwicklung wird anhand der durchgeführten Transporte in das Testsystem überprüft. Dabei wird auch die Zuordnung von Transportaufträgen zu den zu realisierenden Konfigurations- und/oder Designspezifikationen ermittelt. Danach kann der entsprechende Teil der Entwicklung getestet werden.

Da in einem ERP-System generell alle Teile (Subsysteme, Module, Transaktionen) sehr stark untereinander verzahnt (integriert) sind, muss bei einer inkrementellen Verifikation (z. B. im Zusammenspiel mit agilen Entwicklungsmethoden oder nach Korrektur von Abweichungen und Fehlern) darauf geachtet werden, dass neue Transporte die Ergebnisse vorher durchgeführter Tests nicht negativ beeinflussen. Dies muss durch eine entsprechende Einfluss- bzw. Risikoanalyse überprüft werden.

14. Prüfung der Konfiguration

Die korrekte Durchführung der geplanten Konfiguration wird durch einen Review der tatsächlich durchgeführten Konfiguration gegen die in der KS festgelegten Regeln und/oder konkreten Einstellungen überprüft. Je nach Komplexität bzw. Risiko der zu realisierenden Anforderung kann dies zu 100 % oder stichprobenartig durchgeführt werden.

15. Nachweis der Robustheit durch funktionale Tests (OQ)

Für jede Anforderung der Kategorie 5 werden Tests definiert, die die korrekte Umsetzung der jeweiligen Anforderung überprüfen. Dabei sollten sowohl Positivtests (Nachweis, dass die Umsetzung das erwartete Ergebnis liefert) als auch Negativtests (Nachweis, dass die Umsetzung bei Eingaben außerhalb der Spezifikation auch entsprechende Fehlermeldungen liefert, ohne den Rest des Systems negativ zu beeinflussen) durchgeführt werden. Bei diesen Tests wird i. d. R. nur die Funktion des Systems überprüft, unabhängig von konkreten Berechtigungen zu deren Nutzung. Der Tester besitzt also in diesen Tests (im Testsystem) weitergehende Berechtigungen als der spätere Endanwender (im Produktivsystem). Außerdem wird die Funktionalität im Wesentlichen lokal innerhalb eines Moduls überprüft.

16. Akzeptanztest

Der endgültige Nachweis, dass das System fit für den geplanten Produktiveinsatz ist, erfolgt im Rahmen der PQ. Während die vorher beschriebenen Tests durch das Testteam (externe Berater, IT-Abteilung) durchgeführt werden können, werden die Akzeptanztests durch Endanwender (User) durchgeführt.

Hierbei werden anhand der unterstützten (und modellierten) Geschäftsprozesse realitätsnahe Abläufe vollständig durchgeführt (Prozess-PQ, PPQ). Ein Test umfasst dabei üblicherweise Aktivitäten mehrerer Abteilungen und es werden echte Belegdaten zwischen den beteiligten Testern ausgetauscht. Um eine vollständige Abdeckung aller Detailprozesse zu gewährleisten, werden zusätzliche Tests der Detailprozesse durchgeführt, die nicht bereits als Bestandteile der Geschäftsprozesse geprüft wurden.

17. Rollout-Strategien

In großen Unternehmen wird ein so großes System wie SAP ERP üblicherweise nicht in einem Schritt, sondern in mehreren Wellen in verschiedenen Standorten eingeführt und validiert. Diese Standorte haben nicht notwendigerweise identische Anforderungen an das System. Selbst wenn eine globale Harmonisierung angestrebt wird, gibt es evtl. unterschiedliche Rechtsräume, lokal unterschiedliche Mentalitäten und organisationsbedingte Unterschiede zwischen den Standorten. Daher ist ein solcher Rollout sorgfältig zu planen.

Der häufigste Ansatz in den DHC-Projekten ist die Definition einer globalen Vorlage (Template). Diese definiert die global harmonisierten Prozesse und Detailprozesse. Die Detailprozesse sollten dann lokal nur noch in geringem Umfang angepasst werden.

In Bezug auf die Validierungsdokumentation kommen unterschiedliche Strategien in Frage (Abb. 4):

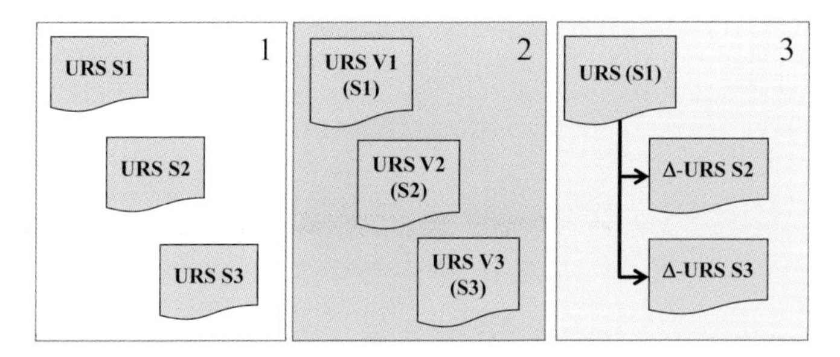

Abb. 4. Lokale, zentrale oder Δ–URS für Rollout.

1. Die Dokumente werden jeweils lokal für jeden Standort erstellt.
2. Ein zentrales Dokument wird um die jeweiligen lokalen Anforderungen ergänzt.
3. Ein zentrales Dokument wird durch zusätzliche Dokumente ergänzt, die nur lokale Änderungen enthalten.

Insbesondere wenn ein zentrales System (gleiche Codebasis) von mehreren Standorten genutzt wird, bietet sich die Variante 3 an. Hierbei werden lokal immer nur die Änderungen zum bisherigen System dokumentiert und verifiziert.

In der Spezifikationsphase sollten jedoch die RA zumindest überprüft werden.

Insbesondere bei den funktionalen Tests kann man auf die bereits (zentral) durchgeführten Tests und deren Ergebnisse zurückgreifen, solange das System im jeweiligen Bereich nicht lokal angepasst wurde. Lediglich die Akzeptanztests müssen für jeden Standort neu durchgeführt werden, um sicherzustellen, dass das System die Geschäftsprozesse adäquat unterstützen kann.

Literatur

[1] ISPE GAMP® 5: A Risk-Based Approach to Compliant GxP Computerized Systems, International Society for Pharmaceutical Engineering (ISPE), Fifth Edition; February 2008, www.ispe.org.

[2] ISO/IEC/IEEE 29119-x:2013(E). Software and systems engineering – Software testing; 2013.

Korrespondenz: Edgar Röder, DHC Dr. Herterich & Consultants GmbH, Landwehrplatz 6–7, 66111 Saarbrücken, E-Mail: edgar.roeder@dhc-gmbh.com

Scrum im regulierten Umfeld

Melanie Schnurr
Systec & Services GmbH,
Karlsruhe

Zusammenfassung

In den letzten Jahren haben agile Methoden immer mehr an Bedeutung gewonnen. Im GAMP® 5 wird der Fokus vermehrt auf den Quality-by-Design-Gedanken gelenkt, statt das Hauptaugenmerk auf ein festgeschriebenes Vorgehensmodell und die dazugehörende Dokumentation zu richten. Doch kann sich eine agile Methode wie Scrum auch im regulierten Umfeld bewähren? Ist das V-Modell nicht mehr zeitgemäß?
Eine Gegenüberstellung der klassischen Vorgehensweise und Scrum zeigen, dass diese agile Methode sehr wohl auch in einem regulierten Umfeld bestehen kann. Beleuchtet man die Aspekte der Dokumentation, der einzelnen Testphasen und letztendlich der Einbettung des Prozesses in das bestehende Qualitätsmanagementsystem, zeigt sich, dass sich Scrum nicht nur als Methodik eignet, sondern einen Vorteil gegenüber der klassischen Vorgehensweise bieten kann.
Wichtig ist ebenfalls der Aspekt, dass für die Einführung agiler Methoden in einem Unternehmen nicht gleich ein kompletter Umstieg erfolgen muss. Eine Kombination aus klassischer und agiler Methode, also ein hybrides Vorgehen, zeigt sich häufig als gute Lösung und Einstieg in die agile Welt.

Abstract

Scrum in the Regulated Environment
Within the last years, agile methods gained importance. GAMP® 5 focuses more on the Quality by Design (QbD) Approach instead of holding on to a defined procedure model and its corresponding documentation. The question is whether an agile method such as Scrum can stand the test in the regulated industry. Is the V-model not up-to-date anymore?
A comparison of the classic approach and Scrum shows that this agile method can persist very well in the regulated industry. Observing the aspects like documentation, test phases and last but not least the embedment of the process in the existing quality management system it is shown that Scrum is not only suited as method, but brings some benefits.
An important point of view is the fact that for the implementation of an agile process within a company not a complete change of the previous approach has to be done. A combination of the classic and agile approach, a so called hybrid approach, is a good way as introduction to the agile world.

Key words Scrum · agile Methoden · klassische Vorgehensweise · V-Modell · GAMP® 5

1. Einleitung

Aktuelle Umfragen und Studien, wie z. B. die Studie ‚Status Quo Agile' der Hochschule Koblenz – University of Applied Sciences, zeigen, dass das Thema rund um agile Methoden nach wie vor aktuell und von großem Interesse ist. Bereits zum zweiten Mal wird bei dieser Studie untersucht, wie der Status zu Verbreitung und Nutzen agiler Methoden bei verschiedenen Unternehmen aussieht. Die erste Umfrage zu diesem Thema fand bereits 2012 statt und führte u. a. zu folgenden Erkenntnissen:

- Scrum wird von durchgängig agilen Nutzern zu 100 % als gut oder sehr gut bewertet
- Anwender agiler Methoden bewerten die von ihnen genutzten Praktiken in allen Kriterien besser als die Anwender klassischer Projektmanagementmethoden
- die Nutzung agiler Methoden hat seit 2008 einen sehr starken Aufschwung genommen
- nur 5 % der Nutzer agiler Methoden sehen keine Verbesserungen bei Ergebnissen und Effizienz

Alle Ergebnisse können auf der entsprechenden Webseite [1] nachgelesen werden.

Dies macht deutlich, dass agile Methoden nicht nur weiter im Trend liegen, sondern auch sehr positiv von den Unternehmen bewertet werden.

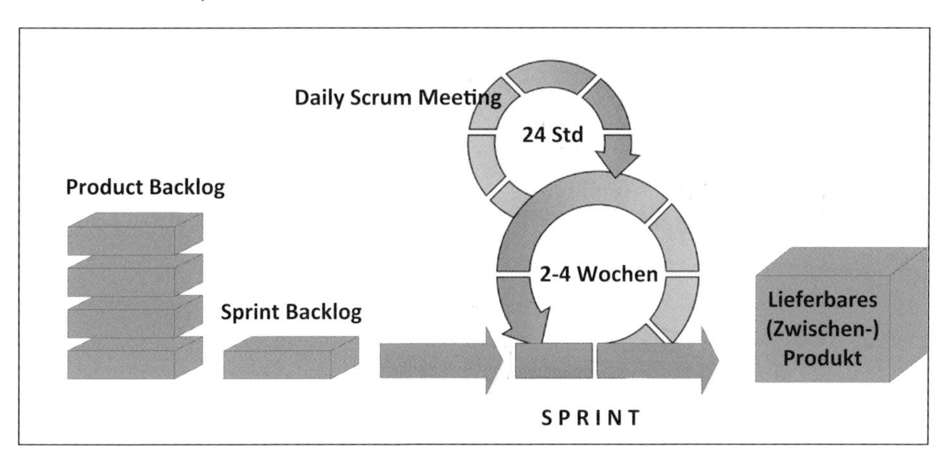

Abb. 1. Aufbau und Einteilung der Entwicklung nach der Scrum-Methodik.

Eine der am häufigsten genutzten agilen Methoden ist Scrum. Scrum hatte seine Anfänge 1990, geprägt durch Jeff Sutherland. Die Prinzipien dieser Vorgehensweise sind im „Manifesto for Agile Software Development" [2] festgeschrieben. Typische Merkmale von Scrum sind u. a. der Aufbau und die Einteilung der Entwicklung in kurze Zyklen, sog. „Sprints", wie in Abb. 1 ersichtlich. Ein Sprint dauert üblicherweise zwischen 2–4 Wochen, an dessen Ende ein auslieferbares (Zwischen-)Produkt vorliegt. Diese Vorgehensweise ermöglicht die Ablieferung eines lauffähigen Softwarestands in kurzen, regelmäßigen Abständen. Die Entwicklerteams organisieren sich weitgehend selbst, ein regelmäßiger Austausch mit dem Kunden ist notwendig.

Vorteile dieser agilen Vorgehensweise sind u. a.:

- eine erhöhte Entwicklungsgeschwindigkeit

- kurze Entwicklungszyklen
- verbesserte Mitarbeiterzufriedenheit
- kontinuierliche Nutzengenerierung
- frühe Einbeziehung des Kunden

2. Agile und klassische Methode – eine Gegenüberstellung

Häufig wird behauptet, dass die Anforderungen im Bereich der Validierung nicht mit der Methodik von Scrum vereinbar sind.

Gemäß der klassischen Methode steht die Validierung i. d. R. ganz im Zeichen des V-Modells. Das darin streng geregelte Vorgehen gibt vor, dass zuerst die Anforderungen definiert sein müssen, welche dann phasenweise abgearbeitet werden. Der Ansatz von Scrum geht im Gegensatz zu diesem streng geregelten Vorgehen von einem inkrementellen und iterativen Ansatz aus. Auf den ersten Blick sind diese beiden Vorgehensweisen also nicht wirklich miteinander vereinbar. Betrachtet und vergleicht man jedoch einmal die klassische Methode mit der agilen Vorgehensweise, so stellt man fest, dass es durchaus die Möglichkeit gibt, Scrum im regulierten Umfeld einzusetzen.

	Klassisches Vorgehensmodell	Scrum
Projektmanagement		
Projektplanung	Projektplan / Meilensteine	Product Backlog
Aufgabenplanung	Arbeitspakete	Sprint Backlog
Statusverfolgung	durch PL / Meilensteine	Täglich, am White Board
Auslieferung	Je Release oder Projektende	Am Sprint-Ende
Änderungsmanagement	Gemäß CR	Per Backlog Update
Qualitätsmanagement		
Prozessverbesserung	Auditierungen, Prozessverbesserungsprogramme	Sprint Retrospektiven
Verifikation / Test	in Testphasen gegenüber Spezifikation	kontinuierlich im Sprint
Validierung / Abnahme	Abnahmetest am Projektende	User Demo am Sprint Ende
Entwicklung		
Techniken	abhängig vom Modell	Keine Vorgaben, oftmals Test First Programming
Personalführung		
Werte / Prinzipien	Projektmanagement, kontinuierliche Verbesserung (ISO 9000)	Agiles Manifest, Scrum Werte
Organisation	Team-, Projektleitung	Scrum Master, Scrum Team, Product Owner

Abb. 2. Gegenüberstellung klassisches Vorgehensmodell und Scrum.

Gemäß GAMP® 5 gibt es keine Einschränkung mehr, welchem Lebenszyklusmodell gefolgt werden soll. Das bedeutet, dass der Einsatz des V-Modells nicht zwingend notwendig ist. Einzig die Dokumentation nach jedem größeren Zyklus oder Meilenstein wird gefordert. Stellt man dies nun der Vorgehensweise nach Scrum gegenüber, wird ersichtlich, dass dies sehr gut miteinander vereinbar ist. So wird z. B. im Gegensatz zu der oftmals falschen Behauptung, dass Scrum komplett auf Dokumentation verzichtet, sehr wohl auch bei dieser Methode eine Dokumentation erwartet. Zwar hat das Produkt einen höheren Stellenwert als die Dokumentation: *„Working software over comprehensive documentation“* [2]. Jedoch bedeutet dies nicht, dass auf diese verzichtet werden muss.

Ein Vergleich beider Vorgehensmodelle mit allen wichtigen Projektphasen und Anforderungen zeigt, dass zu jedem Punkt aus Sicht der klassischen Validierung auch ein Punkt aus Scrum-Sicht gegenübergestellt werden kann (Abb. 2).

Dies verdeutlicht, dass Scrum sehr wohl auch im Bereich der Computervalidierung eingesetzt werden kann, v. a. wenn eine sog. hybride Vorgehensweise genutzt wird, welche beide Modelle miteinander kombiniert.

3. Scrum und Dokumentation

Betrachtet man die Dokumentation beider Vorgehensweisen miteinander, wird man schnell feststellen, dass sich die verschiedenen Dokumente bei beiden Methoden unterscheiden.

Maßgebende Dokumente nach V-Modell sind v. a. die einzelnen Spezifikationen, Risikoanalyse, Testpläne sowie Testprotokolle, wie in Abb. 3 ersichtlich. Bei Scrum sind Product und Sprint Backlog Hauptartefakte der Dokumentation.

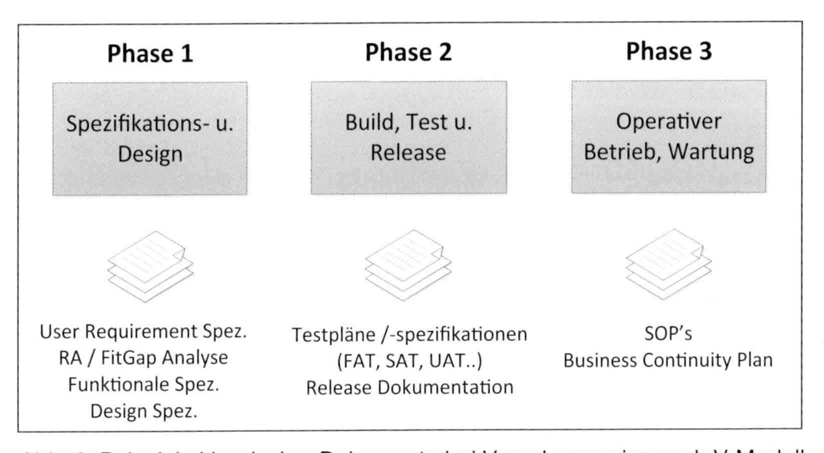

Abb. 3. Beispiele klassischer Dokumente bei Vorgehensweise nach V-Modell.

Das Product Backlog umfasst und definiert alle Anforderungen eines Projekts. Dem Product Backlog untergeordnet ist das Sprint Backlog, welches alle Aufgaben innerhalb eines bestimmten Sprints beschreibt. Diese Aufgaben werden als User Stories definiert und enthalten Informationen über Anforderungen, Rollen, Nutzen und Funktionalität. Ebenso geht aus dem Sprint Backlog hervor, in welchem Arbeitsstatus sich die einzelnen User Stories befinden. Wie in Abb. 4 aufgezeigt, sind die typischen Status „To Do“, „In Arbeit“ und „Done“.

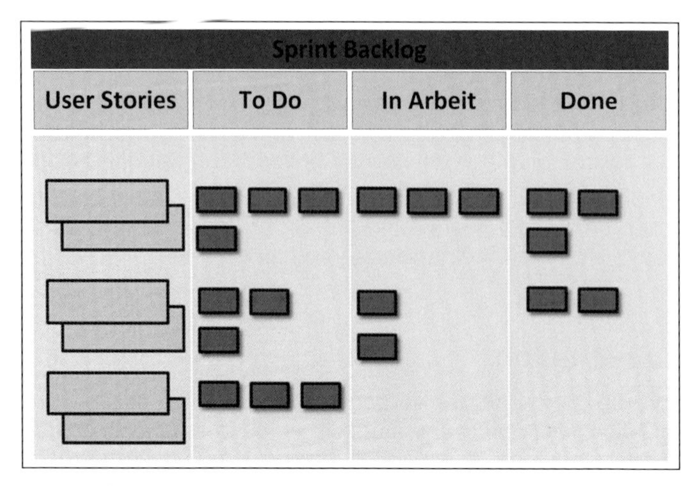

Abb. 4. Scrum-Dokumentation: Aufbau eines Sprint Backlogs.

Eine User Story ist stets in aktiver Form verfasst, also niemals passiv. Der Inhalt gibt Aufschluss über die Anwender und Rollen (Wer?), den Nutzen (Warum?) und die Funktionalität (Was?) der einzelnen Anforderungen (Abb. 5). Wichtig hierbei ist, dass der Inhalt einer User Story nicht die Produktdokumentation ersetzt. Anforderungen, welche in den User Stories definiert sind, setzen sich aus Use Cases und nicht funktionalen Anforderungen (Non Functional Requirement = NFR) zusammen. Use Cases sind hierbei ausführlicher beschrieben als die User Story an sich und beinhalten weitere Details. Nicht funktionale Anforderungen hingegen definieren die Qualität, welche ein System erfüllen muss und beinhalten Standards, Informationen zu geforderten Leistungen an das System und Sicherheitsaspekte. Bei kritischen Stories werden zusätzlich mögliche Risiken mitdokumentiert.

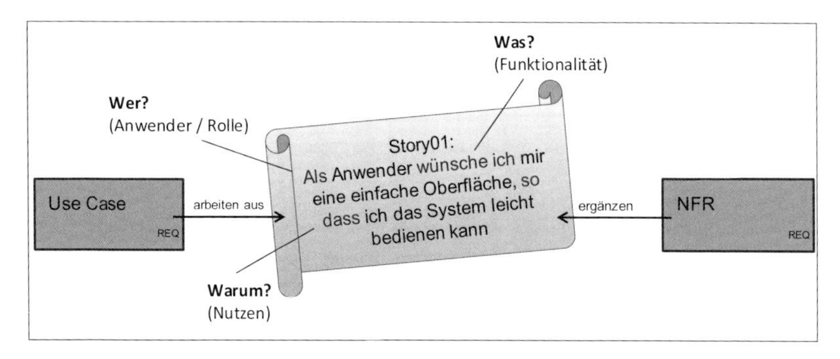

Abb. 5. Scrum-Dokumentation: Aufbau einer User Story.

Eine Checkliste bei der Erstellung der User Stories, die „Definition of Ready“ (DoR), gibt Auskunft darüber, wann eine User Story ausreichend spezifiziert und beschrieben ist. Dies ist der Fall, wenn genügend Testfälle zu dieser Anforderung erstellt werden können und das Testergebnis mit „Passed“ oder „Failed“ bewertet werden kann. Ist dies nicht der Fall, sollte die User Story vom Team zurückgewiesen werden, um die Lücken zu schließen.

Am Ende eines Sprints müssen alle zuvor festgelegten Arbeitspakete abschließend bearbeitet worden sein. Diese sog. „Definition-of-Done“(DoD)-Punkte beschreiben, welche Aspekte bei dieser vollständigen Bearbeitung alle mit eingeschlossen sind. Neben Zielen wie etwa Testabdeckungs- und Testendkriterien kann dies auch eine vollständige Dokumentation nach GMP-Aspekten sein.

Die in den DoD beschriebenen Punkte dienen unmittelbar der Produktqualität und der Sicherstellung der Kundenzufriedenheit. Dies sind auch wesentliche Aspekte im Hinblick auf die Validierung nach herkömmlichen Methoden, womit deutlich wird, dass die Ziele beider Methoden in vielen Bereichen identisch sind.

4. Scrum und Testen

Betrachtet man die Testaktivitäten innerhalb eines Projekts, werden drei große Unterschiede zwischen den beiden Methoden deutlich:

1. Innerhalb eines klassisch am V-Modell ausgerichteten Projekts (Abb. 6) gibt es i. d. R. einen Testmanager, welcher die Ressourcen organisiert und die Qualifikationen der einzelnen Tester sicherstellt. Bei einem Scrum-Projekt werden die Testaktivitäten innerhalb des Teams selbst geregelt. Es gibt keinen Testmanager oder Teilprojektleiter für diesen Bereich.
2. Bei der klassischen Methode sind die verschiedenen Teststufen nach den einzelnen Stufen des V-Modells angeordnet und stehen in Korrespondenz mit den jeweiligen Spezifikationen. Die agile Scrum-Methodik sieht den Testprozess in den einzelnen Sprints verankert. Das Testen läuft parallel zur Entwicklung in jedem Sprintzyklus.
3. Betrachtet man das Fehlermanagement, so ist dieses bei klassischer Vorgehensweise fest im Life-Cycle-Prozess verankert. Im Scrum-Prozess spielt das Fehlermanagement dagegen eine eher untergeordnete Rolle. Fehler sind reproduzierbar, es besteht ein enger Austausch innerhalb des Teams und Fehler können im besten Fall direkt behoben werden.

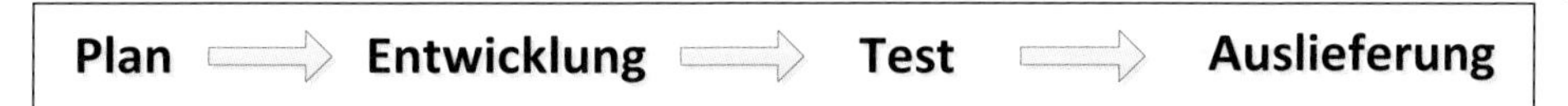

Abb. 6. Vorgehen nach klassischer Methode.

Zu diesen Unterschieden kommt der Kritikpunkt hinzu, dass bei agilen Prozessen wie Scrum eine GMP-konforme Testdokumentation wegen der sich ständig ändernden Anforderungen nicht möglich ist. Um dennoch den Anforderungen im regulierten Umfeld gerecht werden zu können, muss also eine Anpassung erfolgen.

Der Abnahmetest bei einem agilen Vorgehen erfolgt innerhalb des Sprints. Durch ihn werden die Akzeptanzkriterien innerhalb eines Sprintverlaufs abgedeckt und sichergestellt, dass alle nicht funktionalen Anforderungen eingehalten werden. Somit dient der Akzeptanztest als ein wichtiges Qualitätssicherungsinstrument für den Product Owner, denn hier wird nach folgendem Ansatz getestet: „Did we build the system right?“ Gleichzeitig werden zusätzliche Anwendererwartungen abgedeckt.

Der zweite wichtige Test innerhalb von Scrum ist der Systemtest. Dieser erfolgt am jeweiligen Sprintende und muss ausführlich dokumentiert werden. Hier sollte angesetzt werden, um auch den formalen GMP-Anforderungen der Testdokumentation hinsichtlich der Validierung Rechnung tragen zu können.

Der Vorteil der agilen Methode ist hier deutlich in dem Aspekt zu erkennen, dass ein komplett und ausgiebig getesteter Zwischenstand an den Kunden ausgeliefert wird (Abb. 7). Fehler können frühzeitig erkannt und behoben und dem Kunden somit frühzeitig ein lauffähiger Stand übergeben werden.

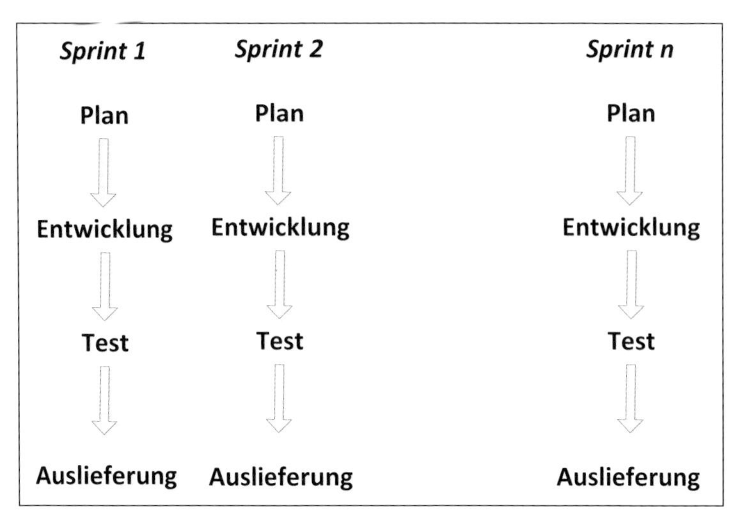

Abb. 7. Vorgehen bei agiler Vorgehensweise.

5. Scrum und QM-System

Damit der Scrum-Prozess erfolgreich in einem Unternehmen eingesetzt werden kann, ist es wichtig, dass dieser Prozess im internen Qualitätsmanagement(QM)-system verankert ist und geschult wird.

Wichtiger als SOPs und Dokumente sind jedoch die Anerkennung und die Akzeptanz durch die Organisation. Wird die neue Methode von der Geschäftsleitung unterstützt und gefördert, so steht einem Einsatz agiler Methoden im regulierten Umfeld nichts im Wege.

6. Ein Beispiel aus der Praxis

Im folgenden Beispiel war das Projektziel, ein Manufacturing Execution System (MES) für einen Kunden aus dem Bereich Medical Devices zu implementieren. Das Projekt wurde auf die klassische Weise aufgesetzt, jedoch wurde Scrum für die Entwicklungsmethodik eingesetzt. Es handelte sich hierbei also um einen sog. hybriden Ansatz, in welchem die klassische und die agile Methode miteinander verknüpft wurden.

Der Scrum-Einfluss zeigte sich in den folgenden Projektbereichen:

- Entwicklung
- Implementierung
- Test

Durch den Scrum-Einsatz wurden auch neue Dokumente innerhalb des Projekts erstellt, welche es zuvor bei der Projektabwicklung nach V-Modell in dieser Form noch nicht gegeben hatte. Zusätzlich zu den Spezifikationen wurden Sprint Backlogs und ein Project Backlog erstellt. Die Anforderungen aus dem Sprint Backlog referenzierten hierbei jeweils auf das Project Backlog, welches wiederum auf die SDS und URS Anforderungen referenzierten (Abb. 8).

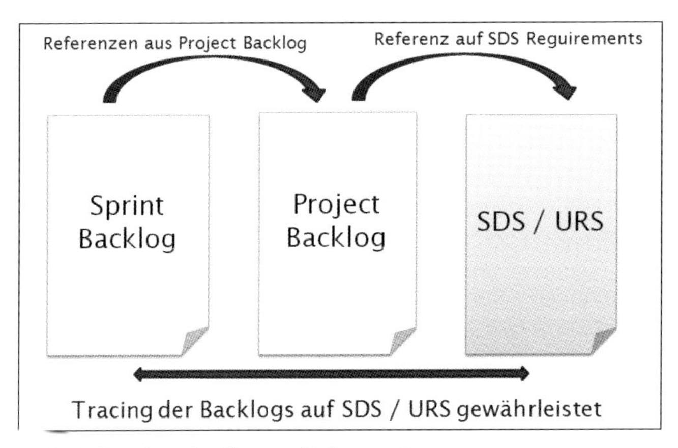

Abb. 8. Tracing der Scrum-Dokumente.

Für die einzelnen Sprints wurden Aufgabenpakete definiert, was zu einer besseren Abschätzbarkeit des Gesamtaufwands innerhalb des Projekts führte. Die kurzen Sprintzeiten ermöglichten einen besseren Überblick über den aktuellen Projektstatus. Am Sprintende war immer der genaue Projektstand erkennbar. Da die Aufwandsplanung durch die Teams selbst stattfand, lernten sich die Entwickler besser selbst einzuschätzen.

Täglich wurde ein kurzes Daily-Scrum-Meeting etabliert, in welchem Aufgaben und der aktuelle Stand besprochen wurden. Dies führte merklich zu einer besseren Kommunikation der einzelnen Projektteammitglieder und zu einer erhöhten Informationsstreuung. Am Sprintende wurde jeweils ein retrospektives Meeting angesetzt. Das hier gewonnene Feedback konnte z. T. direkt in Gegenmaßnahmen einfließen.

Die Vorteile durch den Einsatz von Scrum im Bereich der Entwicklung wurden schnell deutlich. Das frühe Testen der einzelnen Softwarebausteine führte zu einer Erhöhung der Qualität in der Software und im Endprodukt. Zudem war ein deutlich geringerer Zeitaufwand bei dem später stattfindenden Factory Acceptance Test (FAT) und Site Acceptance Test (SAT) zu spüren.

Auch beim Kunden fand die hybride Vorgehensweise eine hohe Akzeptanz. Vor allem die Tatsache, dass nach jedem Sprintende die Auslieferung eines abgeschlossenen Entwicklungspakets möglich war, wurde sehr positiv aufgenommen.

7. Fazit

Nachdem feststeht, dass laut GAMP® 5 neben dem V-Modell auch andere Ansätze möglich sind, steht dem Einsatz agiler Methoden wie Scrum im regulierten Umfeld nichts im Weg. Viele Vorurteile, die hinsichtlich Scrum und dessen Einsatz im regulierten Umfeld gemacht werden, sind bei genauerer Betrachtung nicht haltbar. Im Gegenzug gibt es eine Reihe von Vorteilen, welche für den Einsatz agiler Methoden im regulierten Umfeld sprechen.

Einige dieser Vorteile sind:

- **die enge Einbeziehung der am Projekt beteiligten Personen und Anwender**

Der Kunde probiert das Produkt regelmäßig aus und kann unmittelbar Feedback geben. Dieses Ausprobieren und Testen durch den Kunden kann als User

Acceptance Test (UAT) betrachtet werden. Zudem erhält der Kunde durch das Probieren und Testen der Software frühzeitig ein umfassendes Produktwissen.

Im Team selbst entsteht durch die enge Zusammenarbeit ein besserer Austausch untereinander. Dies wirkt sich positiv auf die Zufriedenheit der Mitarbeiter aus.

- **die Grundgedanken der Validierung spiegeln sich wieder**

Werden beide Methoden betrachtet, so spiegeln sich Grundgedanken der Validierung in Aspekten wie Transparenz und Fehlerminimierung bei Scrum wieder. Eine frühe Fehlerminimierung erfolgt durch ausgiebiges Testen in den einzelnen Sprintzyklen. Transparenz bei allen beteiligten Personen entsteht durch den regelmäßigen Austausch und die enge Zusammenarbeit.

- **großer Refactoring-Wert**

Ein weiterer Vorteil ist der Refactoring-Wert, welcher in der Verbesserung von Struktur, Programm- und Quellcode deutlich wird. Zudem wird auch eine verbesserte Wartbarkeit und Erweiterbarkeit erzielt. Regelmäßige Tests sorgen für eine ständige Qualitätsverbesserung – eine Vorgabe, wie sie auch bei der Validierung nach klassischer Vorgehensweise gefordert wird.

Es lässt sich also mit gutem Gewissen sagen, dass der Einsatz von agilen Methoden wie Scrum sehr wohl auch im regulierten Umfeld funktioniert. Auch die Kombination von agilen mit konventionellen Modellen ist möglich. Wesentlich dabei ist, dass das Unternehmen offen für diese Vorgehensweise ist und man einige Schritte leicht anpassen muss. Wird dies berücksichtigt, werden meist sogar bessere Ergebnisse erzielt.

Literatur

[1] Studienergebnisse „Status Quo Agile" des BPM-Labor der FH Koblenz; 2012. http://www.status-quo-agile.de/. Letzter Zugriff: 16.2.2015.

[2] Manifesto for Agile Software Development; 2001. http://agilemanifesto.org/. Letzter Zugriff: 16.2.2015.

Korrespondenz: Melanie Schnurr, Systec & Services GmbH, Emmy-Noether-Straße 17, 76131 Karlsruhe, E-Mail: msr@systec-services.com

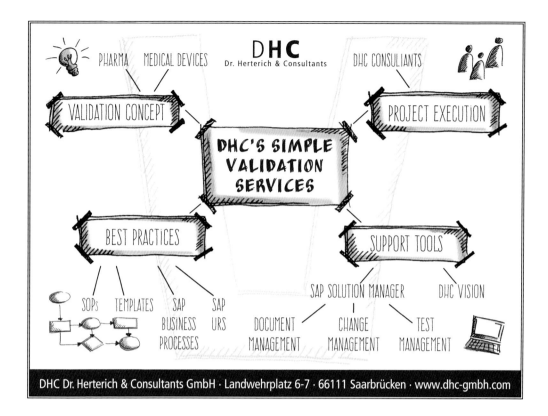

Teil 2
Qualitätssicherung
Validierung

- *Management von Datenqualität – ein Praxisbeispiel*
- *Validierung von computergestützten GCP-Systemen: Grundlagen, Ansätze, Herausforderungen und Trends*
- *Kunden-Lieferanten-Beziehungen gemäß GAMP® 5: aus Sicht der Lieferanten und Pharmaindustrie*
- *Risikomanagement nach GAMP® 5 – eine Zwischenbilanz*
- *Automatisiertes Testen von Software im GxP-Umfeld*

Management von Datenqualität – ein Praxisbeispiel

Dr. Jörg Schwamberger

Merck KGaA, Darmstadt

Zusammenfassung

Geschäftserfolg hängt maßgeblich von der Qualität der Daten ab, die in den Geschäftsprozessen verarbeitet werden. Gerade der Qualität von Stammdaten, die geschäftsvorfallunabhängige Informationen bereitstellen, kommt dabei eine Schlüsselrolle zu. Im folgenden Artikel wird anhand eines praktischen Beispiels auf Basis von Materialstammdaten aufgezeigt, welche Dimensionen zur Messung der Datenqualität sinnvoll verwendet werden können und wie man den Lebenszyklus von Stammdaten steuern kann. Dabei werden u. a. die unterschiedlichen Rollen und Aufgaben innerhalb der Organisation sowie bewährte Werkzeuge für den Stammdatenpflegeprozess beispielhaft vorgestellt.

Abstract

Master Data Quality Management – A Practical Example

Business success depends largely on the quality of data that are used in the business processes. Especially the quality of master data, which provide transactional independent information, plays a key role. The following article demonstrates a practical example on the basis of material master data detailing which dimensions can be used for a meaningful measurement of the quality of data and how one can control the life cycle of master data. Among other things, the different roles and responsibilities within the organization and proven tools for master data maintenance processes will be depicted.

Key words Datenqualität · Governance · Stammdaten · MDM · Master-Data-Management

1. Zusammenhang von Prozess- und Datenqualität

Sei es in Forschung, Entwicklung, Produktion, im Marketing oder im Vertrieb, der Geschäftserfolg eines Unternehmens hängt maßgeblich von der Qualität der Daten ab, die in dessen Geschäftsprozessen verarbeitet werden. Üblicherweise unterscheidet man hierbei zwischen Stammdaten und Bewegungsdaten (transaktionale Daten), wobei Stammdaten dauerhaft vorliegende, nicht transaktionale Unternehmensdaten sind, die essenziell für den Geschäftsbetrieb sind, da sie die transaktionalen Prozesse und somit den operativen Betrieb unterstützen. Stammdaten können dabei geschäftsvorfallunabhängige Informationen zu Kunden, Mitarbeitern, Lieferanten, Rohstoffen, Endprodukten, Kostenträgern etc. umfassen, wobei für pharmazeutische Hersteller insbesondere die Materialstammdaten eine wesentliche Rolle im operativen Geschäft spielen, denn diese beeinflussen nachhaltig die Güte der Produktions-, Logistik- und Vertriebsprozesse. Fehlerhafte Materialstammdaten führen z. B. dazu, dass

- Rohstoffe oder Packmittel nicht vereinnahmt werden können
- Kundenaufträge nach Erfassung nicht weiterbearbeitet werden können
- Analysenzertifikate nicht erzeugt werden können
- Bestände nicht korrekt geführt werden können
- Umsätze nicht korrekt berichtet werden
- Produktportfolios nicht durchgängig verwaltet werden können

Werden diese Probleme nicht zeitnah erkannt und gelöst, kann dies zu Produktionsverzögerungen, Kundenabwanderung und somit Umsatzverlusten führen.

2. Regulatorische Anforderungen an die Datenqualität

Neben Störungen des täglichen Geschäftsbetriebs bedeutet mangelhafte Qualität der Stammdaten aber auch ein Risiko für den Compliance-Status eines Unternehmens, da die Eingabe und die Verarbeitung kritischer Daten besonderen regulatorischen Anforderungen unterliegen. Eine Auswahl von kritischen Stammdatenattributen ist in Tab. 1 aufgeführt.

Tab. 1. Beispiele für kritische Stammdatenattribute im Warenwirtschaftssystem (ERP).

Stammdatenobjekt	Beispiel
Lieferant	Zertifizierungsstatus
Kunde	Kontaktdaten Lieferadressen
Material	Stücklisten und Rezepturen Lager- und Transportbedingungen Basismengeneinheiten Kennzeichnung für Chargenpflicht relative Mindesthaltbarkeit Etiketten- und/oder Verpackungstexte

Neben einem Risikomanagement zur Berücksichtigung der Kritikalität von fehlerhaft oder unvollständig erfassten Daten wird von den GxP-Regularien insbesondere verlangt, dass geeignete Kontrollmechanismen bestehen, die die sichere und korrekte Eingabe und Verarbeitung solcher kritischer Daten sicherstellen. Über den Audit-Trail zur Nachvollziehbarkeit von Änderungen hinaus wird bei manueller Eingabe von kritischen Daten explizit eine zusätzliche Prüfung verlangt, entweder durch eine zweite Person (Vieraugenprinzip) oder mithilfe einer validierten elektronischen Methode [1,2].

3. Ganzheitlicher Ansatz zum Stammdatenqualitätsmanagement

Oftmals werden Probleme mit Stammdaten situativ behoben, ohne dass eine weitergehende Untersuchung und Behebung der eigentlichen Ursachen erfolgt, wie z. B.:

- Verantwortlichkeiten für die Inhalte von Stammdaten sind unklar.
- Verschiedene, ineffiziente Stammdatenpflegeprozesse und fehlende verbindliche Regelungen zur Erstellung und Pflege von Stammdaten provozieren Missverständnisse und Fehler.
- Unzureichende Steuerung der Erstellungsprozesse führt zu Einschränkungen des Betriebs.
- Veraltete Systeme und Werkzeuge benötigen einen höheren Arbeitseinsatz zur Ausführung der Prozesse.

Um die Ursachen von fehlerhaften Stammdaten nachhaltig zu beseitigen, ist es notwendig, einen ganzheitlichen Ansatz zum Qualitätsmanagement von Stammdaten zu verfolgen, der alle Aspekte wie z. B. Organisation, Vorgaben und Prozeduren, Prozesse sowie Technologie und Werkzeuge umfasst (Abb. 1).

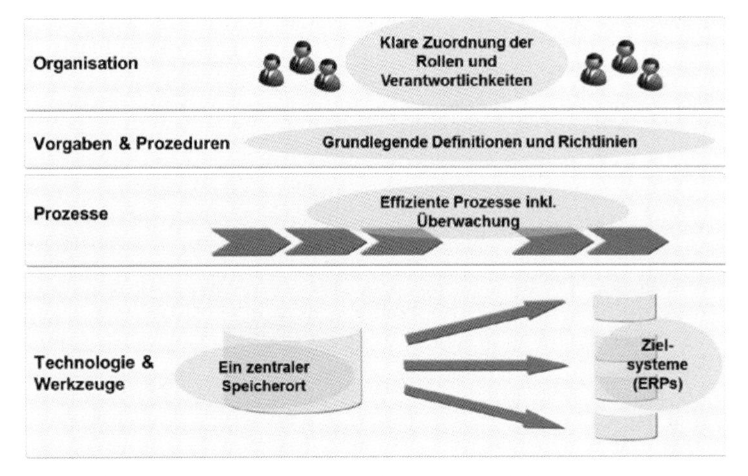

Abb. 1. Elemente eines ganzheitlichen Stammdatenqualitätsmanagementsystems.

Ziel bei der Implementierung eines ganzheitlichen Ansatzes zum Stammdatenqualitätsmanagement ist es, durch die Schaffung klarer Verantwortlichkeiten sowie die Bereitstellung und Beachtung von Richtlinien zur Erstellung und Pflege der Stammdaten eine nachhaltige Verbesserung der Datenqualität herbeizuführen. Mithilfe von Werkzeugen, die das proaktive Management der Stammdatenqualität unterstützen, kann der Stammdatenmanagementprozess insgesamt wirksam verbessert werden. Im Folgenden wird aufgezeigt, wie ein solcher ganzheitlicher Ansatz in der Praxis umgesetzt werden kann.

4. Organisation des Stammdatenmanagements

Die wichtigsten Rollen und Verantwortlichkeiten im Zusammenhang mit dem ganzheitlichen Management von Stammdaten sind in der folgenden Abbildung dargestellt (Abb. 2).

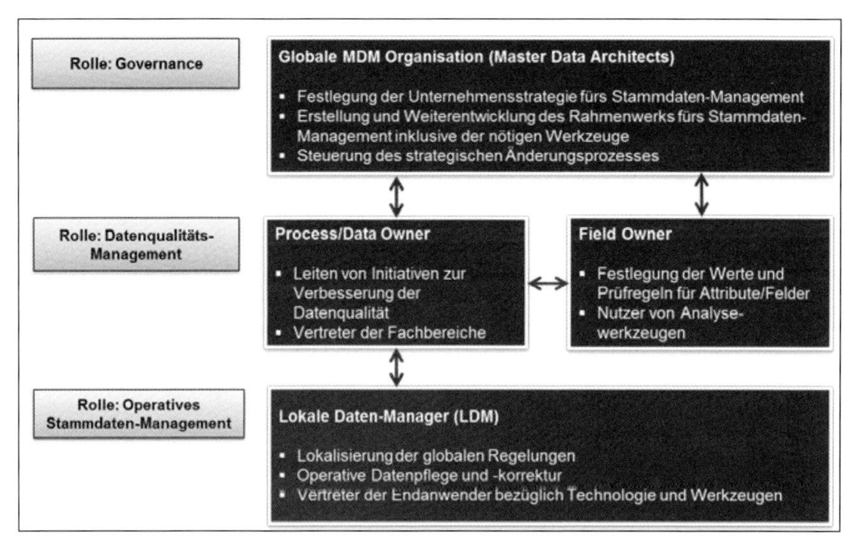

Abb. 2. Rollen und Verantwortlichkeiten im Stammdatenmanagement.

Dabei ist zwischen den strategischen Rollen (hier: Architects und Owner), die für die Konzeption und die Eignung der Stammdatenmanagementprozesse verantwortlich sind, und den operativen Rollen (hier: lokale Datenmanager), die für die inhaltlich korrekte Ausführung dieser Prozesse im Rahmen der Vorgaben im täglichen Geschäftsbetrieb zuständig sind, zu unterscheiden.

5. Vorgaben und Prozeduren

Die effektive Zusammenarbeit der Stammdatenorganisation (Abb. 2) ist durch ein Rahmenwerk von Vorgaben und Prozeduren geregelt, auf der die Prozesse aufbauen. Die wichtigsten dieser Vorgaben und Prozeduren werden im folgenden Abschnitt kurz dargestellt.

5.1 Rollenbeschreibungen und Anforderungsprofile

Für die Organisation sollten jeder Rolle eine Aufgabenbeschreibung sowie ein Anforderungsprofil zugeordnet sein.

5.2 Entscheidungsgremien

Die Entscheidungswege und -gremien, die für die Zusammenarbeit essenziell sind, sind klar zu regeln.

In diesem Zusammenhang hat sich die Einrichtung eines Änderungsgremiums für Stammdaten (CAB-MD = Change Advisory Board-Master Data) bewährt (Abb. 3). In diesem Gremium werden die unterschiedlichen funktionalen Sichten mit der Unternehmensstrategie abgeglichen und abgestimmt, um zukunftsfähige und nachhaltige Entscheidungen zu ermöglichen. Das CAB-MD beurteilt und entscheidet dabei über Vorschläge zur Änderung oder Erweiterung von Stammdatenobjekten, -feldern oder -attributen und verfolgt deren Umsetzung. Die Mitglieder dieses Gremiums rekrutieren sich aus den zuvor dargestellten strategischen Rollen, den Vorsitz übernimmt die Stammdaten-Governance-Rolle.

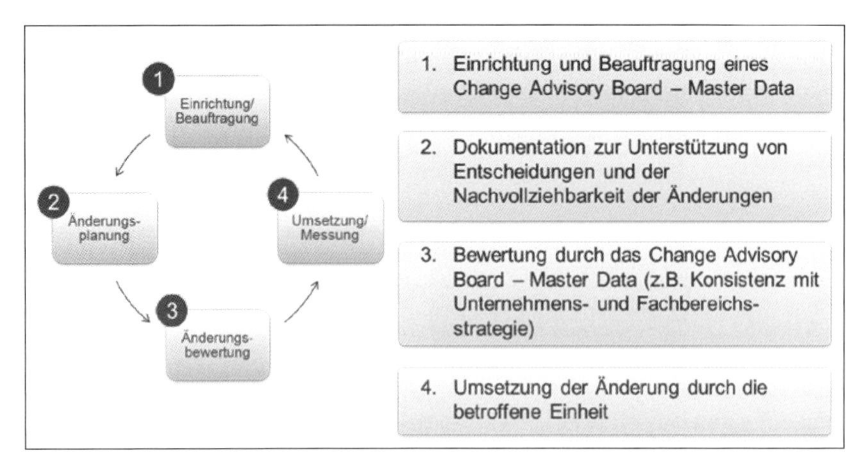

Abb. 3. Wesentliche Aufgaben des CAB-MD.

5.3 Regeln für Stammdatenobjekte und -attribute

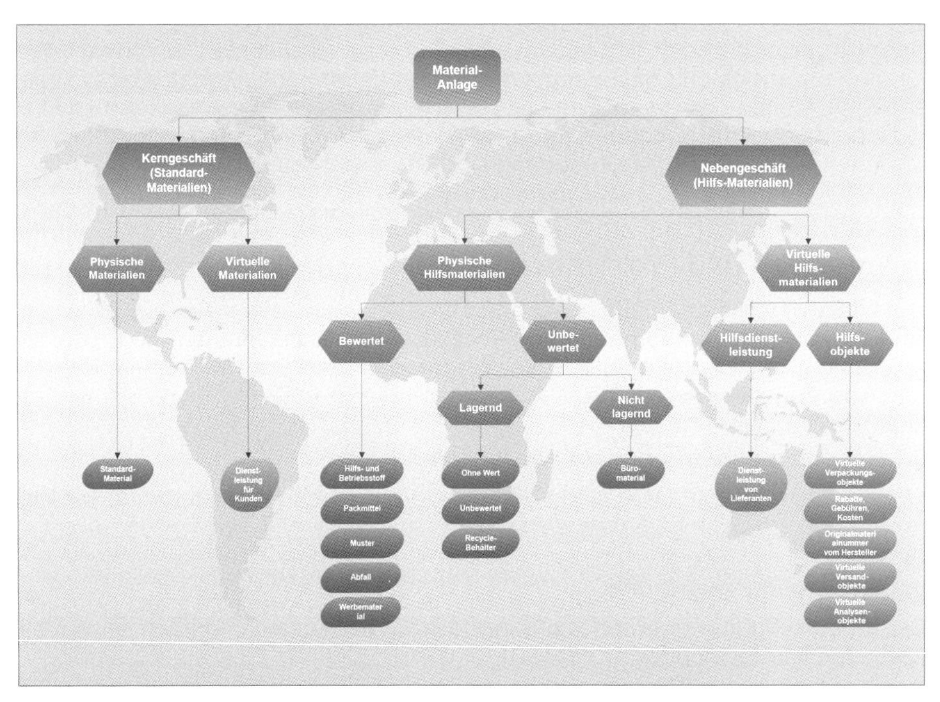

Abb. 4. Beispiel für eine Richtlinie (Field Guideline) für das Attribut „Materialtyp" von Materialstammdaten.

Die Regeln sind je Stammdatenobjekt (d. h. Material, Kunde, Lieferant, Mitarbeiter etc.) innerhalb eines Katalogs (sog. Data Dictionaries) festgelegt, insbesondere was Art und Anzahl der Attribute betrifft. Je Attribut empfiehlt sich wiederum eine Richtlinie (sog. Field Guideline), die festlegt, welche Wertebereiche das Attribut annehmen darf (u. a. in Abhängigkeit von anderen Attributen und dem betrieblichen Zusammenhang) und wie dies überprüft wird (Prüf- bzw. Validierungsregeln). Diese Prüfregeln stellen die Basis für die Messung und Verbesserung der Datenqualität dar, auf die weiter unten noch genauer eingegangen wird. Diese Richtlinien (Field Guidelines) für die Stammdatenattribute werden von der Rolle Field Owner verantwortet, die wiederum in den Katalogen zu den Stammdatenobjekten (Data Dictionaries) geführt werden. Ein Auszug aus einer Field Guideline für das Materialstammattribut „Materialtyp" ist als Beispiel dargestellt (Abb. 4).

5.4 Vererbung von Attributen

Ein wichtiges Element zur Sicherstellung einer konsistenten Datenqualität ist die Vererbung von Attributen innerhalb von Gruppen von Datensätzen. Wenn z. B. Produkte gleicher Art und Zusammensetzung in unterschiedlichen Packungsgrößen vertrieben werden, sind ein großer Teil der Attribute identisch (z. B. Lager- und Transportbedingungen) und lassen sich deshalb gut in Produktgruppen zusammenfassen (Abb. 5). Eine Produktgruppe umfasst somit seine Gruppe von Materialien mit einer großen Anzahl identischer Attribute. Diese identischen Attribute werden an alle zu der Gruppe gehörigen Materialien vererbt und können daher nicht separat gepflegt werden, z. B.:

- physikalisch-chemische Daten (z. B. Dichte)
- regulatorische Daten (z. B. Spezifikationen, Sicherheitsdatenblätter)
- berichtsrelevante Daten (z. B. globale Produkthierarchie)
- vertriebsrelevante Daten (z. B. Beschreibung)

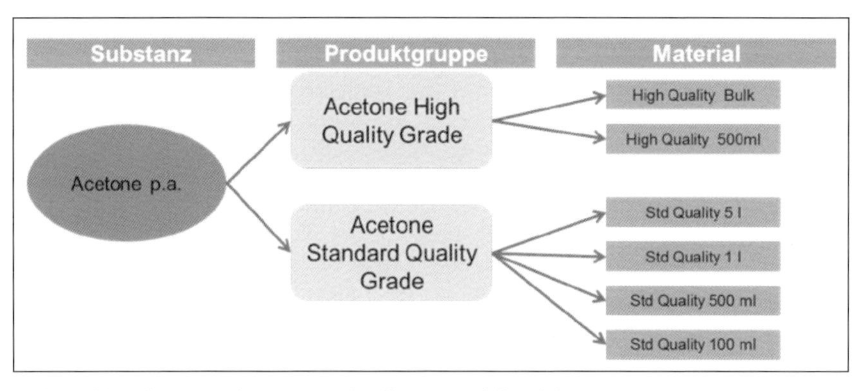

Abb. 5. Vererbungsschema von Attributen auf Produktgruppen.

Diese Vererbung führt zu reduziertem Aufwand bei der Anlage und der Pflege von Daten bei gleichzeitiger Erhöhung der Datenqualität und -konsistenz. Dadurch wird der operative Prozess der Markteinführung eines Produkts in verschiedenen Packungsgrößen bei ansonsten gleicher regulatorischer und nicht regulatorischer Dokumentation sicherer und schneller.

6. Prozesse

Nach dem Organisationsaufbau (s. Kap. 4, S. 84) der Darstellung der wichtigsten Elemente des Rahmens von Vorgaben und Prozeduren (s. Kap. 5, S. 85) werden im Folgenden die wesentlichen Prozesse aufgeführt, die zum operativen Management von Stammdaten notwendig sind.

6.1 Prozess zur Steuerung des Lebenszyklus von Stammdaten

Einer der wichtigsten Prozesse zum operativen Management von Stammdaten ist die Steuerung des Lebenszyklus der Stammdaten. Dabei durchläuft ein Datensatz verschiedene Stadien, von der Anforderung über die Aktivierung bis hin zur kontrollierten Stilllegung. Jede Phase des Lebenszyklus eines Datensatzes wird durch das Setzen eines bestimmten Status an zentraler Stelle repräsentiert und ermöglicht so die Kontrolle der davon abhängigen Prozesse (Abb. 6).

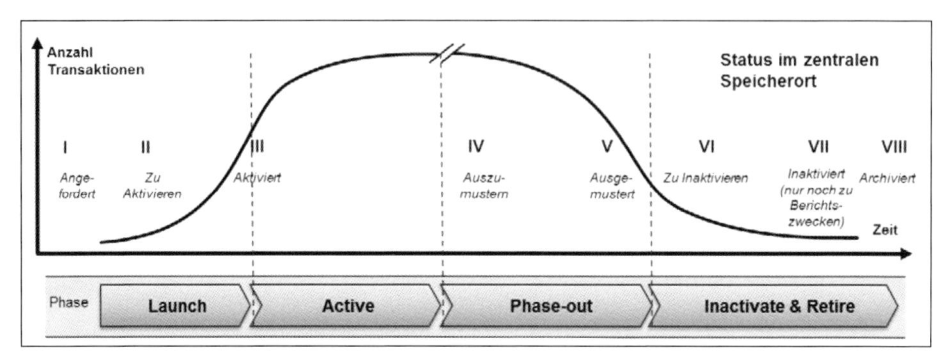

Abb. 6. Beispiel für die Steuerung des Lebenszyklus von Stammdaten.

Der Lebenszyklus beginnt typischerweise mit der Anforderung eines Stammdatensatzes zu einem Kunden, Lieferanten, Mitarbeiter, Rohstoff etc. Wenn die Anforderung nach Prüfung (z. B. zur Dublettenvermeidung) vom jeweiligen Verantwortlichen bestätigt wird, beginnt der Aktivierungsprozess, in dem die wesentlichen Attribute angelegt werden (z. B. durch Vergabe einer eindeutigen Identifikationsnummer). Mithilfe des Status wird somit gesteuert, ob die Datensätze für die Durchführung bestimmter Geschäftsprozesse zugelassen sind. Beispielsweise können Materialien, deren Stammdatensätze noch nicht vollständig aktiviert sind, zwar bestellt, aber (noch) nicht vereinnahmt werden. Falls die Stammdaten in mehreren Systemen bzw. an mehreren Standorten des Unternehmens verwendet werden, sind im nächsten Schritt die system- bzw. standortspezifischen Attribute im Lebenszyklus zu ergänzen, bevor der Stammdatensatz in einem Freigabeschritt als global verwendbar gekennzeichnet und somit 'aktiv' gesetzt wird. In diesem aktiven Stadium des Lebenszyklus stehen die Stammdatensätze allen Geschäftsprozessen vollständig zur Verfügung. Aufgrund von Veränderungen in der Geschäftsentwicklung kann es notwendig sein, Stammdaten kontrolliert aus der aktiven in die inaktive Phase zu überführen. Das können z. B. Änderungen bei den vermarkteten Produkten sein, sodass man Produkte vom Markt nehmen möchte. Das bedeutet, dass man das Produkt zwar verkaufen und ausliefern, aber nicht mehr herstellen bzw. einkaufen kann. Die zugehörigen Geschäftsprozesse können dann abhängig vom Status des Produkts ggf. nicht mehr durchgeführt werden. Ein weiteres Beispiel ist der Wechsel eines Lieferanten oder falls sich bei Kunden aufgrund von Akquisitionen oder Umstrukturierungen die Versand- und Abrechnungsinformationen ändern. In solchen Fällen wird der Stammdatensatz von der zuständigen Stelle auf den Status 'zu inaktivieren' gesetzt. Damit wird signalisiert, dass der Datensatz demnächst auf 'inaktiv' gesetzt wird. Man steuert damit entsprechende Warnhinweise an die Anwender, damit diese sich auf die Ablösung des Materials/Kunden/Lieferanten vorbereiten können. Bei der Umstellung unterstützen spezielle Lebenszyklusberichte, die zeigen, in welchen Systemen bzw. in welchen Standorten die Stammdaten noch in Geschäftsprozessen (z. B. Materialien in offenen Aufträgen oder im Lagerbestand) verwendet werden. Sobald die Umstellung abgeschlossen ist, beginnt die letzte Phase des Lebenszyklus, in dem die Stammdatensätze ausschließlich zu vergangenheitsorientierten Auswertungszwecken verwendet werden, um schließlich im letzten Stadium 'archiviert' zur Erfüllung von Nachweispflichten gemäß gesetzlicher Vorgaben und Regularien zur Verfügung zu stehen.

6.2 Erstellungs- und Änderungsprozesse im täglichen Betrieb

Wie zuvor dargestellt, beginnt der Lebenszyklus von Stammdatensätzen mit der Erstellung, um dann über Änderungen des Status und der Attribute schließlich zu enden. Die für den täglichen Betrieb benötigten Erstellungs- und Änderungsprozesse unterliegen besonderen regulatorischen Anforderungen. Bei manueller Eingabe von kritischen Daten wird explizit eine zusätzliche Prüfung verlangt, entweder durch eine zweite Person (Vieraugenprinzip) oder mithilfe einer validierten elektronischen Methode. Der grundsätzliche Ablauf bei der Neuanlage bzw. bei der Änderung von Stammdatensätzen ist im Folgenden schematisch dargestellt (Abb. 7).

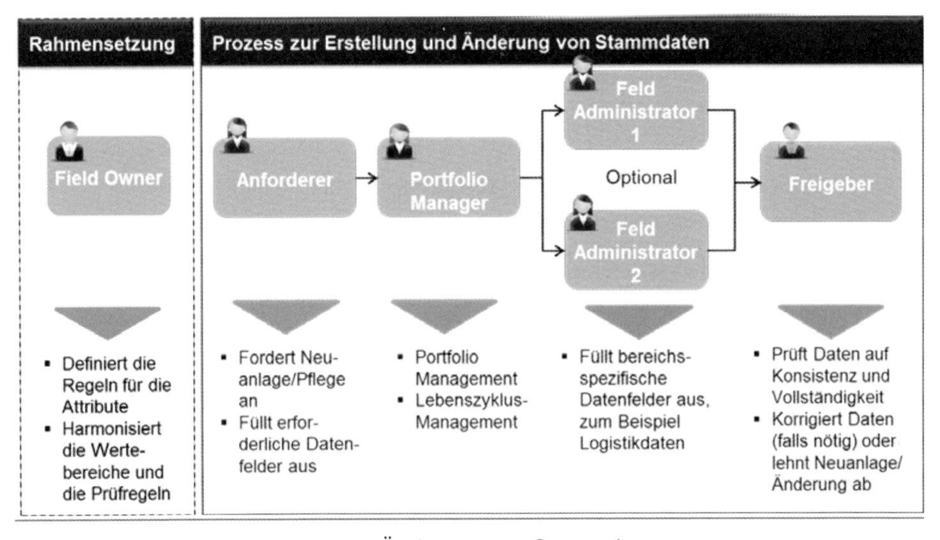

Abb. 7. Prozess zur Erstellung und Änderung von Stammdaten.

Nachdem der Anforderer die Neuanlage bzw. die Änderung des Stammdatensatzes angestoßen hat, wird in einem ersten Schritt durch die Rolle des Portfoliomanagers (z. B. der Produktmanager) geprüft, ob diese Anfrage inhaltlich sinnvoll und konform mit der Portfoliostrategie ist. Ist dies der Fall, erlaubt der Portfoliomanager die Neuanlage bzw. die Änderung und die weiteren Schritte zur Datenanlage bzw. -pflege werden angestoßen. Der Portfoliomanager nimmt also eine Art „Pförtner"-Funktion ein und soll so sicherstellen, dass alle Stammdaten in einem konkreten und korrekten Zusammenhang mit den Bedürfnissen des Geschäfts stehen. Soweit erforderlich, werden die benötigten Attribute je nach Art der Anforderung im weiteren Verlauf durch die Fachstellen ergänzt. Im letzten Schritt werden die Stammdatensätze dann auf Konformität zu den entsprechenden betrieblichen und regulatorischen Regelungen geprüft und freigegeben und stehen danach 'aktiviert' den verschiedenen Geschäftsprozessen zur Verfügung.

7. Technologie und Werkzeuge

Erst der Einsatz von moderner Technologie und ausgefeilten Werkzeugen ermöglicht die Umsetzung der Rahmenvorgaben und die optimale Unterstützung der operativen Anlage- und Pflegeprozesse für Stammdaten.

7.1 Zentraler Speicherort

Je Stammdatenobjekt ist ein zentraler Speicherort etabliert, der als alleinige Quelle der Objekte und der zugehörigen Attribute dient. Der Lebenszyklus der Stammdaten beginnt mit dem Anlageprozess in diesem zentralen Speicherort. Von dort werden die Stammdaten dann an die verschiedenen Empfängersysteme (z. B. Warenwirtschafts-, Planungs- oder Berichtssysteme) verteilt, die die jeweiligen Geschäftsprozesse unterstützen und ermöglichen.

7.2 Workflows

Die Abläufe zur Anlage und Pflege der Stammdaten werden durch Workflow-Lösungen teilautomatisiert; dabei spielt insbesondere die Automatisierung der Prüfregeln aus den zuvor genannten Richtlinien (s. Kap. 5, S. 85) eine wichtige Rolle bei der Qualitätssicherung der Stammdaten. Der Anwender wird dabei durch den Anlage- bzw. Pflegeprozess geführt und ggf. durch Warnhinweise unterstützt. Falls technisch machbar, werden die Eingaben direkt gegen die Vorgaben der Field Guidelines geprüft und evtl. Fehleingaben somit umgehend erkannt und vermieden.

7.3 Analyse- und Auswertungswerkzeuge

Werkzeuge zur zielgerichteten Analyse und Auswertung der Stammdaten hinsichtlich verschiedener Kriterien und Dimensionen sind essenziell zum nachhaltigen Management von Stammdaten. Insbesondere zur Verbesserung der Qualität von zu migrierenden Datenbeständen, wie sie z. B. bei der Ablösung von Altsystemen oder bei der Akquisition von Geschäften auftreten, sind diese Werkzeuge unverzichtbar. Aber auch zur Überprüfung komplexer Abhängigkeiten, die nicht sofort bei der Dateneingabe geprüft werden können, erweisen sich diese Werkzeuge als äußerst hilfreich. Darüber hinaus kann man mit solchen Werkzeugen nicht nur die Qualität der Stammdaten, sondern auch die Anlage- und Pflegeprozesse selbst optimieren.

8. Praxisbeispiel zur Messung und Verbesserung der Datenqualität

Das folgende Praxisbeispiel folgt dem ganzheitlichen Ansatz zum Qualitätsmanagement von Stammdaten, der alle Aspekte wie Organisation, Vorgaben und Prozeduren, Prozesse sowie Technologie und Werkzeuge umfasst.

8.1 Zielsetzung und Motivation

Aufgrund des Fehlens von klaren Prozessen und Verantwortlichkeiten sowie von geeigneten Werkzeugen zur Messung und Auswertung der Datenqualität wurden Störungen im operativen Betrieb vornehmlich reaktiv und situativ behoben. Der Mangel an Transparenz zur Qualität der Stammdaten erlaubte es somit nicht, Initiativen zur nachhaltigen Steigerung der Qualität zu starten. Ziel war es daher, geeignete Prozesse und Werkzeuge zu etablieren, die eine schnelle und einfache Identifikation von Problemen mit der Datenqualität ermöglichen und somit eine rasche Reaktion erlauben. Die Datenqualität sollte anhand objektiver Kriterien gemessen werden können und somit auch als Zielvorgabe für die zuständigen Mitarbeiter verwendet werden können. Schlussendlich sollte es möglich sein, Initiativen zur Verbesserung der Datenqualität zu steuern und nachzuhalten.

8.2 Organisation

Die Rollen zum Stammdatenmanagement – bestehend aus der globalen Master-Data-Management(MDM)-Organisation (MDM Governance), den Process/ Data Ownern, den Field Ownern und den lokalen Datenmanagern (Abb. 2) – übernehmen auch für die nachhaltige Verbesserung der Datenqualität die Verantwortung. Dabei legen die Data und Field Owner die fachbereichsspezifischen Regeln und Qualitätsziele fest, während die globale MDM-Organisation das Regelwerk und die Methodik bereitstellt.

8.3 Vorgaben und Prozeduren

Neben den Richtlinien (Field Guidelines) für die Attribute der Stammdatenobjekte (Abb. 4) sind es v. a. die Dimensionen zur Messung der Datenqualität, die als Grundlagen dienen. Nachfolgend ist als Beispiel eine Übersicht der Dimensionen aufgeführt, die für Materialstammdatenobjekte angewendet wird (Tab. 2).

Tab. 2. Beispiel für Dimensionen zur Messung der Datenqualität.

Dimension	**Prüfung, ob**	**Beispiele**
Vollständigkeit	ein Feld gefüllt ist	Pharmamaterialien müssen mit dem Attribut „chargenpflichtig" versehen sein
Eindeutigkeit	Duplikate existieren (anhand von vom Geschäft definierten Kriterien)	Beschreibung von 2 unterschiedlichen Materialien ist unterschiedlich
Pünktlichkeit	Änderungen am Materialstatus innerhalb der vorgegebenen Zeit, d. h. zeitnah abgeschlossen wurden	Änderung des Status von "auszumustern" zu "ausgemustert" dauert länger als sechs Monate
Gültigkeit	die Feldinhalte den individuellen Regeln für dieses Feld entsprechen	Wert der Maßeinheit entspricht der Liste der erlaubten Werte für dieses Feld
Genauigkeit Fehlerfreiheit	die Feldinhalte im Kontext mit anderen Feldinhalten dem Regelwerk entsprechen	die ersten sechs Zeichen eines Materials und des zugehörigen Artikels müssen identisch sein
Stabilität	die Änderungshäufigkeit von Feldern im erwarteten, niedrigen Bereich liegt	die zugeordnete Verkaufsorganisation wird nicht häufiger als einmal pro Jahr geändert
Verfügbarkeit	Informationen zugänglich sind und anhand einfacher Verfahren von den definierten Prozessen und Personen abgerufen werden können	die Information über den zu verwendenden Transportdienstleister liegt der Versandabteilung vor
Konsistenz	die Feldinhalte über alle angeschlossenen Systeme hinweg konsistent sind	keine Abweichungen von Feldinhalten über alle angeschlossenen Systeme hinweg

Je Dimension sind die Prüfregeln und die Messkriterien (sog. Key Performance Indicators, KPIs) festgelegt, die somit eine quantitative Messung der Datenqualität ermöglichen. Für ausgewählte Dimensionen sind diese Regeln und Messkriterien im Folgenden beispielhaft aufgeführt.

8.4 Vollständigkeit

Die Dimension „Vollständigkeit" erfasst, inwieweit alle Pflichtfelder eines Datensatzes vollständig befüllt sind. Je nach Geschäftsprozess und -bereich können das unterschiedliche Felder sein, sodass spezifische Prüfregeln und Messkriterien zu erstellen sind (Abb. 8).

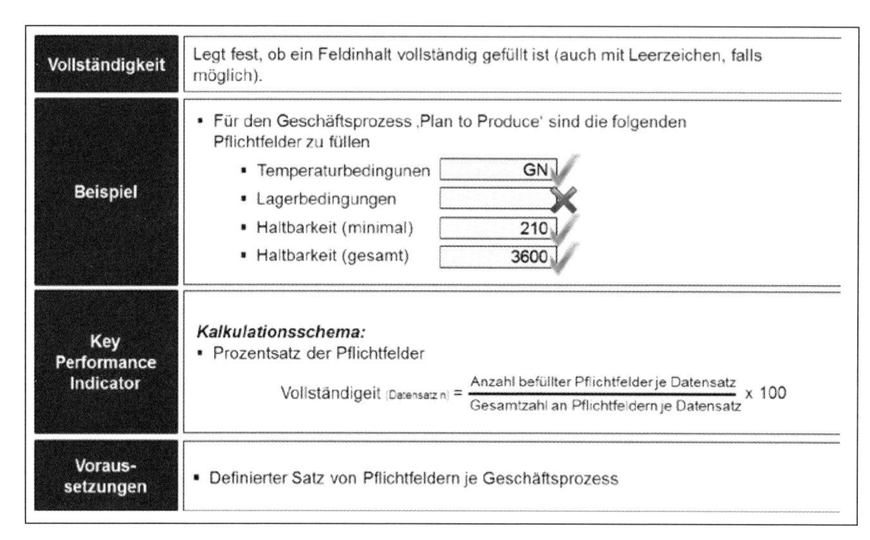

Abb. 8. Beispiel für Prüfregeln und Messkriterien für die Dimension „Vollständigkeit".

Als Messkriterium dient der Quotient aus der Anzahl der gefüllten Pflichtfelder und der Gesamtzahl der Pflichtfelder. Voraussetzung für die Einführung dieses Messkriteriums ist das Vorliegen eines definierten Satzes von Pflichtfeldern je Objekt; ggf. ist dieser Satz spezifisch je Geschäftsprozess auszudifferenzieren.

8.5 Eindeutigkeit

Mit der Dimension „Eindeutigkeit" wird nachvollziehbar, welche Datensätze eindeutig sind und nicht mehrfach vorkommen. Dazu sind klare Vorgaben für die Erkennung von duplizierten Datensätzen erforderlich, z. B. das Vorliegen sehr ähnlicher Beschreibungstexte (Abb. 9).

Eindeutigkeit: Legt fest, ob ein Material eindeutig ist und nicht mehrfach in Form von Duplikaten angelegt wurde

Beispiel:

	Material Code	Description	Net weight	Org. Unit	Shelf life
	ABCD	T.H.E. DESICCANT 2KG	3,25	702	300
	ABCE	T.H.E.DESICCANT2KG	3,25	702	300
Match Score	95	97	100	100	100
Contribution Weight	30%	40%	10%	10%	10%

Total match score = 97

➔ Identifikation als **Duplikat** da 97 > 95 (Schwellwert für Duplikate)

Key Performance Indicator:

Kalkulationsschema:

- Prozentsatz von Duplikaten

$$\text{Eindeutigkeit} = \frac{\text{Anzahl von Duplikaten}}{\text{Gesamtzahl an Datensätzen}} \times 100$$

Voraus-setzungen:

- Abgleich der Attribute, die vom Geschäft als relevant für die Duplikatserkennung identifiziert wurden
- Kalkulation der individuellen Wichtung der Übereinstimmungsrate je Attribut

Abb. 9. Beispiel für Prüfregeln und Messkriterien für die Dimension „Eindeutigkeit“.

8.6 Gültigkeit

Die Dimension „Gültigkeit“ dient zur Überprüfung, ob die Werte eines Attributs innerhalb des gültigen Wertebereichs liegen. Dazu sind die entsprechenden Gültigkeitsbereiche je Attribut festgelegt (Abb. 10).

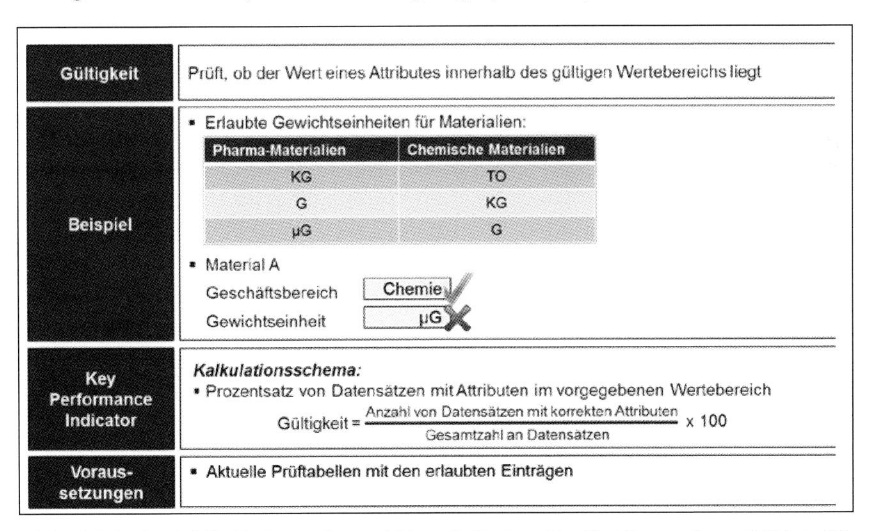

Gültigkeit
Prüft, ob der Wert eines Attributes innerhalb des gültigen Wertebereichs liegt
Beispiel
Erlaubte Gewichtseinheiten für Materialien:
Pharma-Materialien
Chemische Materialien
KG
TO
G
KG
µG
G
Material A
Geschäftsbereich
Chemie
Gewichtseinheit
µG
Key Performance Indicator
Kalkulationsschema:
Prozentsatz von Datensätzen mit Attributen im vorgegebenen Wertebereich
Gültigkeit = Anzahl von Datensätzen mit korrekten Attributen / Gesamtzahl an Datensätzen x 100
Voraus-setzungen
Aktuelle Prüftabellen mit den erlaubten Einträgen

Abb. 10. Beispiel für Prüfregeln und Messkriterien für die Dimension „Gültigkeit“.

8.7 Genauigkeit – Fehlerfreiheit

In dieser Dimension wird überprüft, ob die Attribute im Zusammenhang mit anderen Attributen den Vorgaben entsprechen. Voraussetzung dafür ist, dass die Abhängigkeiten der Gültigkeit von Attributen in entsprechenden Prüfregeln festgelegt sind (Abb. 11).

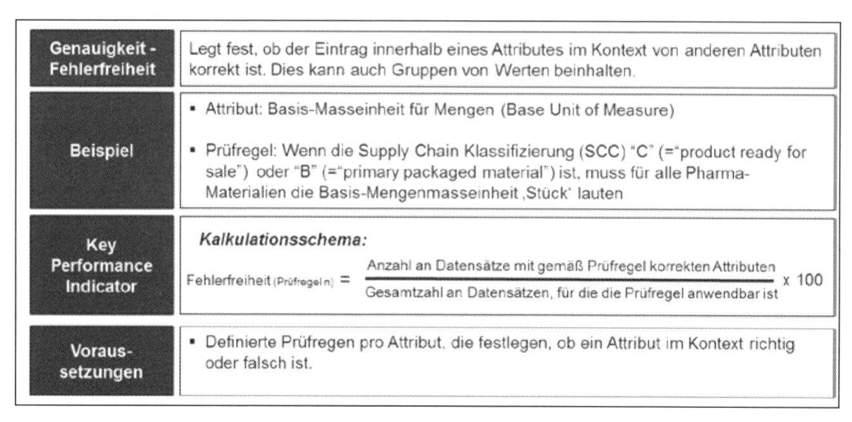

Genauigkeit - Fehlerfreiheit	Legt fest, ob der Eintrag innerhalb eines Attributes im Kontext von anderen Attributen korrekt ist. Dies kann auch Gruppen von Werten beinhalten.
Beispiel	▪ Attribut: Basis-Masseinheit für Mengen (Base Unit of Measure) ▪ Prüfregel: Wenn die Supply Chain Klassifizierung (SCC) "C" (="product ready for sale") oder "B" (="primary packaged material") ist, muss für alle Pharma-Materialien die Basis-Mengenmasseinheit ‚Stück' lauten
Key Performance Indicator	*Kalkulationsschema:* $\text{Fehlerfreiheit}_{(\text{Prüfregel n})} = \frac{\text{Anzahl an Datensätze mit gemäß Prüfregel korrekten Attributen}}{\text{Gesamtzahl an Datensätzen, für die die Prüfregel anwendbar ist}} \times 100$
Voraus-setzungen	▪ Definierte Prüfregen pro Attribut, die festlegen, ob ein Attribut im Kontext richtig oder falsch ist.

Abb. 11. Beispiel für Prüfregeln und Messkriterien für die Dimension „Genauigkeit – Fehlerfreiheit".

8.8 Prozedur zur Festlegung und Änderung von Qualitätszielen und Prüfregeln

Da die zu den Datenqualitätsdimensionen gehörigen Prüfregeln aufgrund von geänderten Rahmenbedingungen und neuen Erkenntnissen regelmäßig angepasst werden müssen, ist dafür eine Prozedur festgelegt (Abb. 12). Im ersten Schritt legen die Process/Data Owner gemeinsam mit den Field Ownern (Abb. 2) die Anforderungen für die Datenqualitätsmaßnahmen fest, insbesondere welche Prüfregeln und welche Messkriterien anzuwenden sind. Anschließend genehmigt das CAB-MD die Ziele und Maßnahmen, wofür dann im dritten Schritt von der globalen Stammdatenorganisation die entsprechenden Werkzeuge bereitgestellt werden.

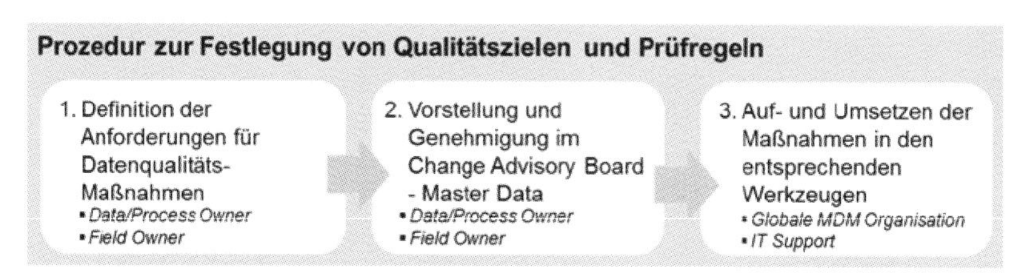

Abb. 12. Prozedur zur Festlegung von Qualitätszielen und Prüfregeln.

8.9 Prozesse

Die Maßnahmen zur Messung und Verbesserung der Datenqualität werden nun angestoßen und regelmäßig überwacht. Die Data/Process Owner bereiten die Datenqualitätsberichte vor, die die divisionalen Datenverantwortlichen anreichern und die entsprechenden fehlerhaften Datensätze mit der Bitte um Korrektur an die lokalen Datenmanager senden (Abb. 13).

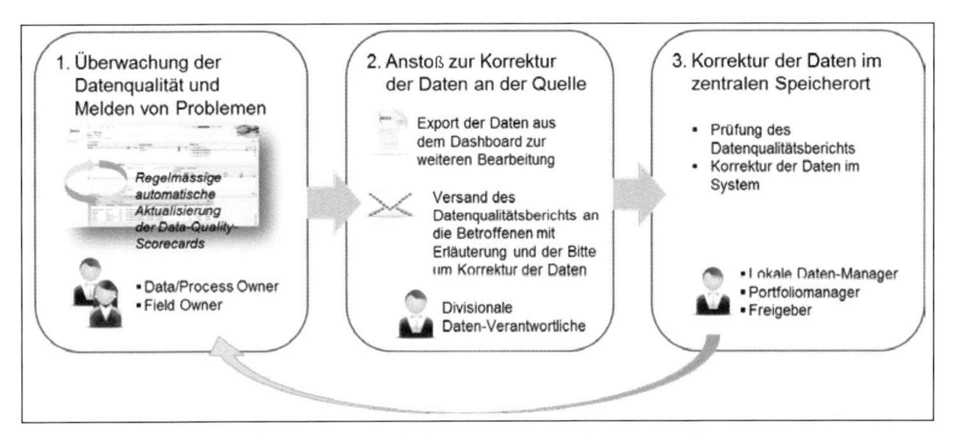

Abb. 13. Prozess zur Messung und Verbesserung der Datenqualität.

Die Korrektur der Daten erfolgt im Quellsystem bzw. in dem zentralen Speicherort entsprechend dem Stammdatenpflegeprozess (Abb. 7) mit den dazugehörigen Prüf- und Freigabeschritten. Dieser Prozess wird mehrmals durchlaufen (u. U. mit veränderten bzw. verbesserten Prüfregeln), sodass sich eine nachhaltige Verbesserung der Datenqualität ergibt.

8.10 Technologie und Werkzeuge

Um die Ausgangssituation bzgl. der Datenqualität zu analysieren, sind anwenderfreundliche, übersichtliche Darstellungen notwendig. Einzelne Prüfregeln werden daher in sog. Data-Quality-Scorecards zusammengefasst, die wiederum in sog. Data-Quality-Dashboards zusammengeführt werden. Zur Erstellung dieser Scorecards und Dashboards werden wiederum Datenextraktions- und -aggregationswerkzeuge eingesetzt und bieten so die Möglichkeit, die Auswertungs- und Prüfregeln ohne spezielles IT-Know-how zu bearbeiten. Die Bereitstellung einer Liste der fehlerhaften Daten mit dem Hinweis, welches Attribut fehlerbehaftet ist, ermöglicht eine umgehende Korrektur der Daten in den Quellsystemen. Nach erfolgter Korrektur werden die Scorecards und Dashboards entsprechend aktualisiert (Abb. 14). Somit ergibt sich zur Verbesserung der Datenqualität ein vollständiger Deming-Zyklus, der den vier Schritten Plan-Do-Check-Act folgt [3]. Maßgeschneiderte Auswertungen steigern dabei die „gefühlte" Zuständigkeit der divisionalen und lokalen Datenmanager in den einzelnen Geschäftsbereichen. Das Data-Quality-Dashboard, welches zum Aufbau und zur Visualisierung der Berichte genutzt wird, dient als ausschließliche Quelle zur Festlegung der Datenqualitätsregeln.

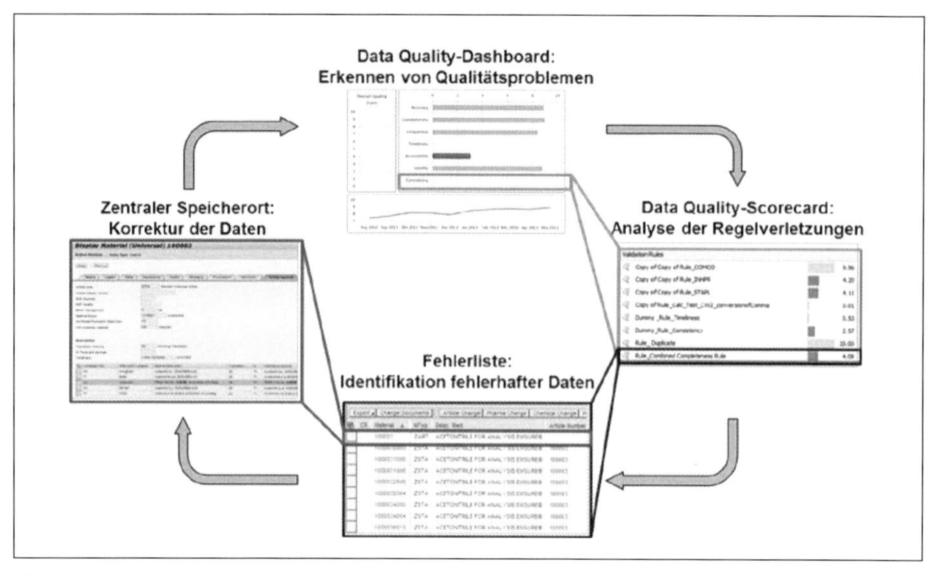

Abb. 14. Regelzyklus zur nachhaltigen Verbesserung der Qualität von Stammdaten.

9. Fazit

Geschäftserfolg hängt maßgeblich von der Qualität der Daten ab, die in den Geschäftsprozessen verarbeitet werden. Regulatorische Anforderungen, wie z. B. die Prüfung von kritischen Dateninhalten bei deren Anlage und Änderung, müssen dabei erfüllt werden. Gerade der Qualität von Stammdaten, die geschäftsvorfallunabhängige Informationen bereitstellen, kommt dabei eine Schlüsselrolle zu. Die nachhaltige Verbesserung der Qualität von Stammdaten wird dabei durch die folgenden vier Elemente bestimmt:

- klar geregelte Verantwortlichkeiten und Rollen innerhalb der Organisation
- verbindliche Vorgaben und Richtlinien, die aus den Geschäftsanforderungen abgeleitet sind
- strukturierte und überwachte Prozesse zur Anlage und Pflege von Stammdaten
- geeignete Technologie und Werkzeuge, um die Prozesse effizient umsetzen und die Einhaltung der Vorgaben effektiv überwachen zu können

Berichte zur Datenqualität (Scorecards) ermöglichen es auf schnelle und einfache Weise, Probleme zu identifizieren und diese durch Nachverfolgen von Initiativen zur Verbesserung der Datenqualität nachhaltig zu lösen. Zukünftig erfolgt eine Analyse der Ausprägung von Stammdaten für die Geschäftsprozesse, z. B. die Messung des Anteils der Produkte im Portfolio, die ohne Intervention in den Vertriebsprozessen verwendet werden können. Im Ergebnis werden die bisher benötigten Aufwände zur Fehler- und Problembehebung nun wesentlich effizienter und proaktiv zur Datenpflege eingesetzt. Zusammenfassend lässt sich sagen, dass gute Qualität von Stammdaten die Effizienz und Robustheit der Geschäftsprozesse nachhaltig erhöht.

Literatur

[1] EUDRALEX. Vol. 4 EU Guidelines to Good Manufacturing Practice Medicinal Products for Human and Veterinary Use. Annex 11 Computerised Systems; January 2011: §§ 5, 6, 27.

[2] Pharmaceutical Inspection Co-operation Scheme (PIC/S Guidance.). Good Practices For Computerised Systems in Regulated „GxP“ Environments. PI 011-3; 25. September 2007, §§ 4.3, 14.4, 20.2. http://www.picscheme.org/publication.php. pi-011-3-recommendation-on-computerised-systems. Letzter Zugriff: 19.9.2014.

[3] Deming WE. Out of the Crisis. 2/e. Boston: MIT; 1989.

Danksagung: Der Autor bedankt sich bei Johannes John, Fa. Merck und Dr. Frank Möller, Fa. Merck für die wertvollen Diskussionen und die wohlwollende Durchsicht des Manuskripts.

Korrespondenz: Dr. Jörg Schwamberger, Merck KGaA, Frankfurter Straße 250, 64293 Darmstadt, E-Mail: joerg.schwamberger@merckgroup.com

Validierung von computergestützten GCP-Systemen: Grundlagen, Ansätze, Herausforderungen und Trends

Oliver Herrmann,
Dr. Jenny Gebhardt
Q-FINITY Qualitätsmanagement,
Dillingen

Zusammenfassung

Bei klinischen Prüfungen, die im Kontext der Good Clinical Practice (GCP) durchgeführt werden, handelt es sich um komplexe Projekte mit einer Vielzahl von Prozessen, Personen und Dokumentationsanforderungen, die wiederum durch mehr oder weniger komplexe Systeme und Infrastrukturen abgebildet werden. Speziell Systeme, welche die Datenerfassung, Datenauswertung, Datenübermittlung und Archivierung unterstützen, rücken zunehmend in den Fokus behördlicher Inspektionen. In folgendem Beitrag werden die allgemeinen Grundlagen im Überblick dargestellt; es wird auf die wesentlichen regulatorischen Anforderungen eingegangen. Die guten „x"-Praktiken werden im Zusammenhang mit dem Produkt-Lebenszyklus dargestellt, wobei auf die guten klinischen Praktiken (u. a. ICH E6) und die Feststellung der Validierungsrelevanz fokussiert wird. Dabei wird besonderes Augenmerk auf die rechtliche Unsicherheit bzgl. der Validierung computergestützter GCP-Systeme gelegt und es werden Lösungsansätze zur Bewältigung der notwendigen Herausforderungen komprimiert dargestellt. Der risikobasierte Ansatz wird im Kontext der klinischen Forschung beleuchtet und es wird näher auf die Besonderheit eingegangen, dass in der klinischen Forschung die Daten das „Produkt" darstellen und somit deren Qualität und Integrität im Fokus der Validierungen stehen. Dabei wird sowohl die Identifizierung der qualitätsrelevanten Daten im Prozess als auch die technologische Sicherstellung der Datenintegrität berücksichtigt. Speziell die Tatsache, dass Daten entlang bzw. durch klinische Prozesse fließen, ist hier von zentraler Bedeutung. Daten können nicht losgelöst von den datenverarbeitenden Systemen betrachtet werden; entsprechend geht der Beitrag dediziert auf die Relation zwischen Prozess und System und deren Bezug zum Bausteinprinzip und dem Schichtenmodell ein. Zuletzt nimmt sich der Beitrag der IT-Infrastrukturen an, auf welchen die Software-/Applikationssysteme betrieben werden.

Abstract

Validation of computerized GCP Systems: Basics, Approaches, Challenges and Trends

Clinical trials are conducted within the framework of Good Clinical Practice requirements and constitute complex projects involving a variety of processes, people and documentation requirements. These, in turn, are increasingly supported by more or less complex systems and infrastructures. Particularly those systems which facilitate data capture, data analysis, data transmission and archiving are increasingly becoming an object of inspection by regulators. This article will give an overview of the relevant regulatory requirements. The "Good X Practices" are described in their relationship with the product life cycle, with a special focus on the Good Clinical Practice framework (incl. ICH E6) and on deriving the validation obligation for individual systems. In doing so, the focus is on the regulatory uncertainty regarding the validation of computerized GCP systems. Approaches for dealing with these challenges are presented in a compact format. The risk-based approach is illustrated within the context of clinical development activities, with particular attention to the special situation that, in the GCP field, the data are the "product". Therefore, the quality and integrity of these data are the focus of validation activities. Both the identification of quality-relevant data within the processes and the aspect of assurance of data integrity are addressed. The fact that the data flow along or through clinical processes is of special importance. Because data should not be seen as separate from the data processing systems, this article discusses the relationship between processes and systems and their relation to the building block principle and layer model. Lastly, the article also considers the IT infrastructures on which the software/application systems run.

Key words Good Clinical Practice (GCP) · Klinische Forschung · ICH · GAMP · Prozesse · Validierung · Datenintegrität · ALCOA

1. Allgemeines und Grundlagen

Klinische Prüfungen lassen sich in zwei Gruppen aufteilen. Zur ersten Gruppe gehören die nicht interventionellen Prüfungen. Nicht interventionelle Prüfungen sind als Untersuchungen definiert, in deren Rahmen „Erkenntnisse aus der Behandlung von Personen mit Arzneimitteln anhand epidemiologischer Methoden analysiert werden; dabei folgt die Behandlung keinem vorher festgelegten Plan, sondern ausschließlich der ärztlichen Praxis" [1]. Als Untergruppe der nicht interventionellen Prüfungen sind auch die Anwendungsbeobachtungen (AWB) zu nennen. Nicht interventionelle Prüfungen sind der zuständigen Bundesoberbehörde, den kassenärztlichen Bundesvereinigungen und den Krankenkassenverbänden unverzüglich anzuzeigen. Bei der zweiten Gruppe, den interventionellen klinischen Prüfungen, handelt es sich um klinische Prüfungen im klassischen Sinn, bei denen die Behandlung nach Art und Weise in einem Studienprotokoll (Prüfplan) festgelegt wird. Diese Prüfungen werden durch verschiedene Richtlinien, Gesetzen und Verordnungen reguliert.

Das AMG definiert klinische Prüfungen als *„jede am Menschen durchgeführte Untersuchung, die dazu bestimmt ist, klinische oder pharmakologische Wirkungen von Arzneimitteln zu erforschen oder nachzuweisen oder Nebenwirkungen festzustellen oder die Resorption, die Verteilung, den Stoffwechsel oder die Ausscheidung zu untersuchen, mit dem Ziel, sich von der Unbedenklichkeit oder Wirksamkeit der Arzneimittel zu überzeugen"* [1]. Die Teilnahme an einer Studie muss freiwillig sein [2].

Ziel einer klinischen Prüfung ist – vereinfacht ausgedrückt – der Beleg der Wirksamkeit oder Unbedenklichkeit eines Arzneimittels und damit die Voraussetzung für die Zulassung desselben [3]. In der Regel müssen die entsprechenden Prüfungsergebnisse im Rahmen des Zulassungsantrags vorgelegt werden. Eine sehr vereinfachte Darstellung des Ablaufs einer klinischen Prüfung findet sich in Abb. 1.

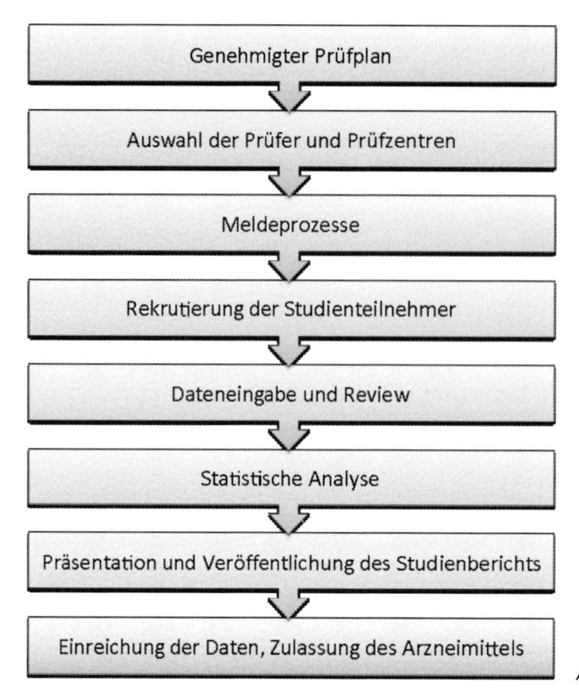

Abb. 1. Clinical Trials (vereinfacht).

1.1 GxP-Produkt-Lebenszyklus

Arzneimittel unterliegen einem Lebenszyklus von der Entwicklung bis zur Zulassung (Abb. 2). Die Beschreibung der Arzneimitteleigenschaften und dessen Qualität erfolgt final in einem Dossier. Mit Erteilung der Zulassung wird das Arzneimittel für die Anwendung bereitgestellt. Während der Dauer der Zulassung erfolgt eine permanente Überwachung und eine weitere Erfassung der Eigenschaften des Arzneimittels. Wird die Zulassung entzogen oder das Arzneimittel vom Markt genommen, endet der Lebenszyklus des Arzneimittels. Die Entwicklung neuer Arzneimittel oder Änderungen im Anforderungsprofil können durch Erkenntnisse wie aktuelle medizinische und/oder pharmazeutisch-technologische Forschung und Entwicklungen generiert werden.

Arzneimittel unterliegen einer geregelten Überwachung durch die zuständigen Behörden. Die Überwachung schließt sowohl die präklinische und klinische Entwicklung als auch die Herstellung und den Vertrieb von Arzneimitteln ein. Bevor ein Arzneimittel die Zulassung erhält, sind adäquate präklinische und klinische Prüfungen notwendig, um die Wirksamkeit und die Unbedenklichkeit hinsichtlich Neben- und Wechselwirkungen aufzeigen zu können.

Daten, die im Rahmen dieser präklinischen und klinischen Prüfungen erhoben werden und in die Zulassung einfließen, müssen integer sein und letztendlich immer auf Quelldaten zurückzuführen sein. Der Datenfluss und die damit verbundenen Prozesse unterliegen festgelegten Vorgaben, die in der pharmazeutischen Industrie bereits praktisch etabliert wurden. Die Verfahren werden häufig unter dem Begriff „Best Practices“ zusammengefasst und finden sich unter dem Sammelbegriff „GxP“.

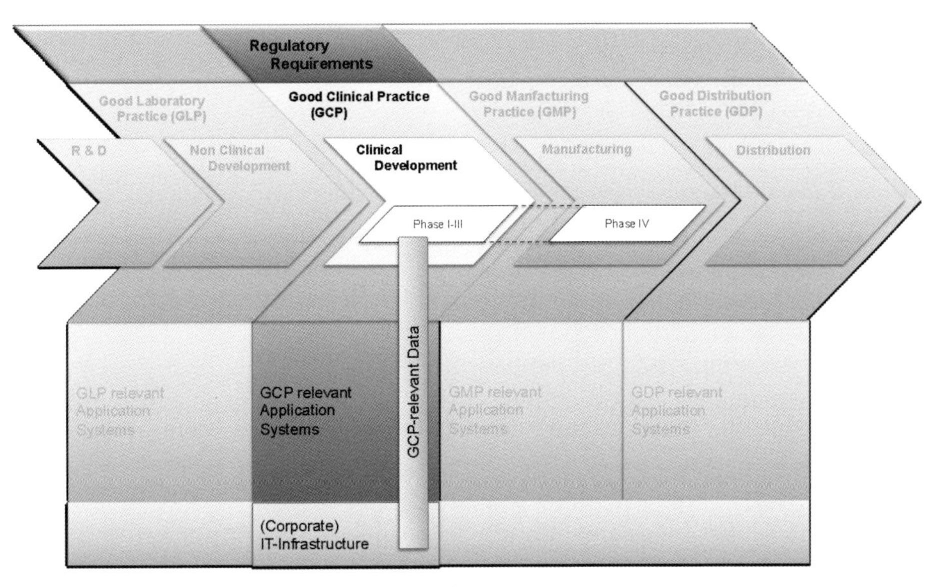

Abb. 2. GCP im Produkt-Lebenszyklus [11].

1.2 Allgemeine GxPs

In den „Good Practice Guides – GxP" werden Vorgaben für eine gute Arbeitspraxis in verschiedenen Bereichen, z. B. in der pharmazeutischen Industrie, der Agrarwirtschaft und Lebensmittelherstellung, beschrieben. Es handelt sich i. d. R. um Leitlinien, die in Zusammenarbeit verschiedener Behörden und Fachgruppen erarbeitet werden und auf europäischer Ebene durch die EU-Kommission in Kraft gesetzt werden. Sie bieten einen Standard für „Best Practices", an dem sich die betroffenen Industriezweige orientieren können, wenn es um die Erfüllung von rechtlichen und behördlichen Anforderungen geht. Die Liste der „GxPs" wächst ständig. Die Tab. 1 gibt einen Überblick über derzeit aktuelle GxPs.

Tab. 1. Liste aktueller GxPs.

Good Auditing Practice, GAP	Good Information Systems Practice, GISP
Good Agricultural Practice, GAP	**Good Laboratory Practice, GLP**
Good Agricultural and Collection Practice, GACP	Good Logo Practice, GLgP
Good Aquaculture & Fishery Practice, GAFP	**Good Manufacturing Practice, GMP**
Good Automated Laboratory Practice, GALP	Good Management Practice, GMP
Good Automated Manufacturing Practice, GAMP	Good Microbiological Practice, GMiP
Good Business Practices, GBPs	Good Participatory Practice, GPP
Good Civil Engineering Practice, GCEP	**Good Pharmacovigilance Practice, GPvP oder GVP**

Forts. Tab. 1 nächste Seite

Forts. Tab. 1

Good Clinical Data Management Practice, GCDMP	**Good Pharmacy Practice, GPP**
Good Clinical Practice, GCP	Good Policing Practices, GPPs
Good Clinical Laboratory Practice, GCLP	Good Road Traffic Engineering Practice, GRTEP
Good Distribution Practice, GDP	Good Road Transportation Practice, GRTP
Good Documentation Practice, GDP **GDocP (in Abgrenzung zu "distribution")**	Good Research Practice, GRP
Good Engineering Practice, GEP	Good Recruitment Practice, GRP
Good Engineering Chance Practice, GECP	Good Safety Practice, GSP
Good Financial Practice, GFP	**Good Storage Practice, GSP**
Good Guidance Practice, GGP	Good Service Practice, GSP
Good Hygiene Practices, GHPs	**Good Tissue Practice, GTP**
Good Horticultural Practice, GHP	Good Tourism & Hospitality Practices, GTHP
Good Viticultural Practices, GVP	Good Wellbeing Practice, GWP

1.3 Fokussierung auf die Arzneimittel-GxPs

Im Kontext dieses Beitrags lassen sich die GxPs (Tab. 1) auf die Prozesse Forschung und Entwicklung, Herstellung und Vertrieb von Arzneimitteln wie folgt reduzieren:

- GLP – präklinische Untersuchungen – in Bezug auf die Zulassung von Arzneimitteln sowie in Bezug auf die toxikologischen Untersuchungen (Akkreditierung)
- GCP – Anforderungen an klinische Prüfungen
- GMP – Herstellung von Arzneimitteln (auch Prüfpräparaten)

Abbildung 2 ordnet illustrativ den GCP-Bereich im Produkt-Lebenszyklus des Arzneimittels ein.

1.4 Regulatorische Voraussetzungen

Die EU-Richtlinie (RL 2001/20/EG) zur Guten Klinischen Praxis beschäftigt sich mit der guten Praxis für die Durchführung von klinischen Prüfungen am Menschen. Die in der Richtlinie definierten Anforderungen wurden durch das AMG und die GCP-Verordnung in Deutschland in nationales Recht überführt. Die Nichteinhaltung der Vorgaben kann unterschiedlich geahndet werden und zur Rücknahme, zum Widerruf oder Ruhen der Genehmigung führen sowie strafrechtlich verfolgt werden. Sinn und Zweck der EU-Richtlinie ist u. a. der Schutz des Menschen als Studienteilnehmer in klinischen Prüfungen. In diesem Zusammenhang ist auch auf die Deklaration von Helsinki zu verweisen Der folgende Abschnitt spiegelt kurz die Historie der GCP-Anforderungen wieder.

1.5 Good Clinical Practice: Entstehung und Regulatorische Rahmenbedingungen

Good Clinical Practice (GCP) im Allgemeinen ist eine Sammlung (Richt- und Leitlinien, Verordnungen, Gesetze etc.) von ethischen und wissenschaftlichen Qualitätsanforderungen an klinische Prüfungen. Die Anforderungen der ICH-Leitlinie E6 zur Guten Klinischen Praxis z. B. beziehen sich auf die Durchführung, Dokumentation und das Meldewesen zu klinischen Prüfungen am Menschen. Das Ziel dieser Anforderungen ist es, die Rechte, die Sicherheit und Unversehrtheit der Studienteilnehmer zu gewährleisten und außerdem sicherzustellen, dass die Ergebnisse der so durchgeführten Prüfungen zutreffend und belastbar sind. Die Notwendigkeit, ethische und wissenschaftliche Anforderungen an Arzneimittelstudien zu etablieren, wurde u. a. als Reaktion auf Enthüllungen zu kontroversen Syphilisstudien (z. B. Tuskany-Studie) in den USA und den Contergan-Skandal in Europa erkannt. Die Deklaration von Helsinki im Jahr 1964 war ein erster Schritt in diese Richtung. Einzelne nationale Regierungen und Behörden begannen ebenfalls, Anforderungen für ethische und wissenschaftlich klar konzipierte Prüfungen einzuführen.

Eine Harmonisierung dieser Qualitätsanforderungen für klinische Prüfungen wurde in den 80er-Jahren durch die Europäische Gemeinschaft angestoßen, als es um die Etablierung eines gemeinsamen Arzneimittelmarkts ging. Da viele Arzneimittelstudien international über verschiedene Länder hinweg durchgeführt werden, gab es schon damals Gespräche zwischen den Ländern der großen Arzneimittelmärkte (Europa, Japan, USA), um die Anforderungen zu harmonisieren. Bei der „WHO Conference of Drug Regulatory Authorities“ in Paris im Jahr 1989 wurden die Planungen zu den Harmonisierungsbestrebungen der regulatorischen Behörden konkreter, sodass kurz darauf die Behörden an die International Federation of Pharmaceutical Manufacturers & Associations (IFPMA) als internationaler Dachverband der pharmazeutischen Industrie herantraten, um eine gemeinsam getragene Initiative zur internationalen Harmonisierung anzustoßen. So wurde im April 1990 in Brüssel die International Conference on Harmonisation (ICH) ins Leben gerufen, in der Behörden- und Industrievertreter aus den ICH-Regionen vertreten sind: sowohl aus Japan, Europa, USA als auch Beobachter der Weltgesundheitsorganisation (WHO), der EFTA und Kanada. Die IFPMA ist weiterhin stark einbezogen [4].

Die ICH beschäftigt sich mit den Anforderungen an die Zulassung von Arzneimitteln und weiteren Prozessen, die diesem Anliegen zu Grunde liegen, so auch die Arzneimittelforschung. Wie bereits erwähnt, ist die ICH-Leitlinie E6 die ICH-Leitlinie zur Guten Klinischen Praxis. In den Rechtsprechungen der einzelnen ICH-Regionen wurde die ICH-GCP-Leitlinie z. T. oder ganz umgesetzt und viele der hier beschriebenen Anforderungen finden sich ebenfalls in den EU-Richtlinien und national in der GCP-VO wieder. So wurde z. B. im April 2001 die Richtlinie über die Anwendung der Guten Klinischen Praxis (2001/20/EG) (auch „Clinical Trials Directive“) erlassen, die daraufhin in das jeweilige nationale Recht der Mitgliedsstaaten umgesetzt wurde. Gleichzeitig wurde die ICH-GCP-Leitlinie als europäische Leitlinie „Note for Guidance on Good Clinical Practice (CPMP/135/95)“ übernommen.

Da es bei der Umsetzung der Richtlinie 2001/20/EG in den einzelnen Mitgliedsstaaten z. T. zu uneinheitlichen Interpretationen der Richtlinie kam und manchmal die Anforderungen wiederum um zusätzliche nationale Anforderungen ergänzt wurden, führte die Richtlinie nicht zu der angestrebten Vereinheitlichung der regulatorischen Anforderungen in der EU. Eine Neufassung trat am 16. Juni 2014 in Form der EU-Verordnung 536/2014 in Kraft. Sie gilt ab sechs Monate nach der Veröffentlichung der Mitteilung gemäß Art. 82 Abs. 3, keinesfalls jedoch vor dem 28. Mai 2016. Die Vorgaben der EU-Verordnung sind dann direkt bindend und müssen nicht erst in nationales Recht überführt werden [5].

1.6 Einsatz computergestützter Systeme im Rahmen klinischer Prüfungen

Computergestützte Systeme finden bereits seit Jahrzehnten Anwendung in der klinischen Forschung. Steigende Funktionalitäten und Verarbeitungskapazitäten erlaubten zunehmend, Daten elektronisch zu erfassen, zu verarbeiten, zu übermitteln und zu archivieren. Diese Prozessschritte konnten erst z. T., dann zunehmend vollständiger über zunächst lokale, dann globale Datenverarbeitungssysteme durchgeführt werden.

In der gültigen Fassung der ICH Guideline for Good Clinical Practice (E6) vom 10. Juni 1996 werden allgemein „elektronische Systeme" für die Datenerhebung und -verwaltung im Abschnitt 5.5.3 der Guideline erwähnt [6]. Dort wird auf Systeme Bezug genommen, die den Umgang mit den Studiendaten unterstützen. Vom Sponsor einer klinischen Prüfung wird erwartet, dass:

- geprüft und dokumentiert wird, dass die Systeme den Anforderungen des Sponsors hinsichtlich Vollständigkeit, Richtigkeit und gleichbleibend verlässlicher Performance erfüllen (d. h. Validierung)
- SOP-Systeme für diese elektronischen Systeme gepflegt werden
- gewährleistet wird, dass diese Systeme einen Audit Trail besitzen und kein Datenlöschen möglich ist
- die Systeme und Daten vor unautorisiertem Zugriff geschützt sind
- eine Liste der Personen mit Schreibrechten gepflegt wird
- eine adäquate Datensicherung durchgeführt wird
- die Verblindung (bei verblindeten Prüfungen) gewahrt wird

Im Abschnitt 5.5.4 wird gefordert, dass bei Transformation der Daten gewährleistet sein muss, dass ein Vergleich der Original- mit den geänderten Daten jederzeit möglich sein muss. In der Praxis bedeutet dies, dass die notwendigen statistischen Datentransformationen und Auswertungen zu einer klinischen Prüfung i. d. R. nicht direkt in der Studiendatenbank erfolgen, sondern dass die Studiendatenbank in einem „Database Lock" für weitere Datenänderungen zunächst gesperrt wird, die Daten in einem validierten Verfahren exportiert und in ein Statistikprogramm importiert werden, wo die Auswertung der Daten erfolgt. Die Daten in der Studiendatenbank bleiben dann in ihrem Originalzustand erhalten.

1.7 Rechtliche Unsicherheit bezüglich der Validierung computergestützter GCP-Systeme

Obwohl seit den 90er-Jahren im Bereich der klinischen Forschung zunehmend computergestützte Systeme eingesetzt werden, gibt es aus regulatorischer Sicht in Bezug auf die Anforderung der Validierung an diese gewisse Unsicherheiten. Das liegt darin begründet, dass die Anforderungen an solche Systeme nicht eindeutig formuliert sind. Dennoch wird die Validierung von computergestützten Systemen, die in klinischen Prüfungen zur Anwendung kommen, von Inspektoren auf nationaler und internationaler Ebene erwartet.

Wie lässt sich diese Anforderung aus den Richtlinien, Leitlinien und Verordnungen ableiten? In der ICH-GCP werden einige Anforderungen an das System zur elektronischen Datenverarbeitung definiert, die im Rahmen einer Validierung nachgewiesen werden. Es finden sich jedoch weder in Abschnitt 6 des AMG noch in der GCP-VO Vorgaben zum Umgang mit elektronischen Daten oder computergestützten Systemen. Anders verhält es sich bei den Anforderungen zur Herstellung klinischer Prüfpräparate, bei der die Arzneimittel- und Wirkstoffherstellungsverordnung (AMWHV) [7] Anwendung findet. Unter § 5 (2) wird die Qualifizierung der Ausrüstung gefordert. Weiterhin findet man unter § 10 Dokumentation die Anforderung, dass Aufzeichnungen zur Rückverfolgung des Werdegangs und Inverkehrbringens einer Charge vorgehalten werden müssen. Werden diese Aufzeichnungen mit elektronischen, fotografischen oder anderen Datenverarbeitungssystemen gemacht, muss das System angemessen validiert werden. Hier lässt sich ggf. eine Schnittstelle erkennen, denn im Bereich der Herstellung von Prüfpräparaten gelten die GMP-Regularien und damit in Europa auch der Annex 11 [8] mit seinen Anforderungen an computergestützte Systeme. Eine direkte Anwendung des Annex 11 für computergestützte Systeme im GCP-Umfeld ist daraus jedoch nicht ohne weiteres abzuleiten.

Gemäß EudraLex (Volume 10 Clinical trial guidelines) ist der PIC/S Guidance On Good Practices for Computerized Systems in Regulated "GxP" Environments bei der Inspektion von GCP-Systemen anzuwenden (Abb. 3). Die PIC/S-Guidance verweist auf den Annex 11 des EU-GMP-Leitfadens. Dadurch lässt sich indirekt die Anwendbarkeit des Annex 11 für den GCP-Bereich ableiten. Diese Ableitung täuscht allerdings nicht darüber hinweg, dass konkrete und rechtsverbindliche Anforderungen zur Validierung von computergestützten Systemen im GCP-Bereich in Europa fehlen. Unabhängig davon besteht in der Überwachungspraxis die Notwendigkeit, diese Systeme vermehrt zu prüfen, um eine belastbare Aussage zur Gewährleistung der Datenintegrität treffen zu können. An dieser Stelle sei angemerkt, dass zu verschiedenen Themen sog. „Reflection Papers" der EMA existieren, die eine Meinungsbildung der Inspektoren in der EU widerspiegeln und damit als Empfehlungen zu verstehen sind, aber dennoch eine Erwartungshaltung darstellen. Weiterhin ist zu erwähnen, dass in dem Reflection Paper zum Umgang mit IVRS im Zusammenhang mit dem Verfalldatum sowohl auf den Annex 11 als auch auf den GAMP® 5 verwiesen und respektive hingewiesen wird.

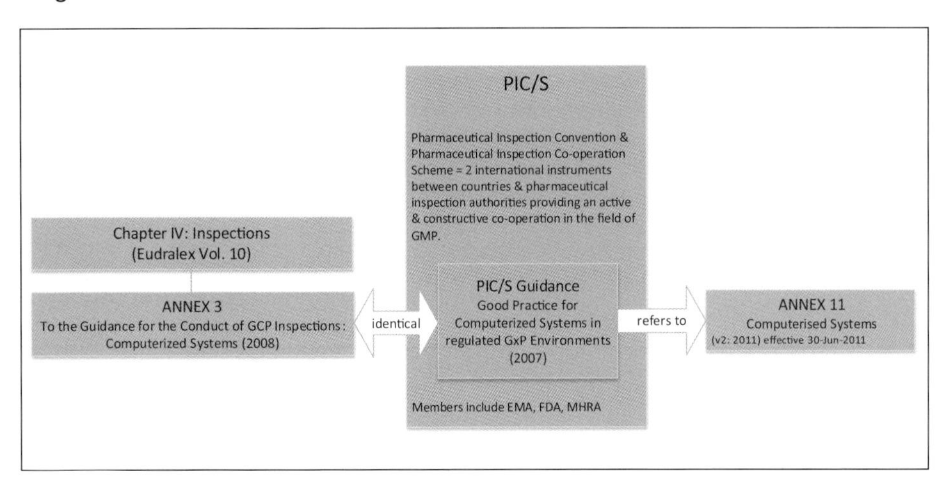

Abb. 3. Zusammenhang GCP und Annex 11 [18].

In den USA ist die Rechtslage für FDA-regulierte klinische Prüfungen dagegen eindeutig. Wenn die sog. „predicate rules" für den GCP-Bereich (z. B. Abschnitt 312) elektronisch, d. h. nicht mehr papierbasiert ganz oder z. T. umgesetzt werden, dann greift 21 CFR Part 11 [9], der im § 11.10a zwingend ein valides System voraussetzt. Das heißt in der Konsequenz, dass die Guidance for Industry „Electronic Records, Electronic Signatures – Scope and Application“ als Interpretationshilfe zu berücksichtigen ist. Darüber hinaus existiert die Guidance for Industry „Computerized Systems Used in Clinical Investigations“ aus dem Jahr 2007, in der weitere Systemanforderungen eindeutig beschrieben sind. Der 21 CFR Part 11 und die beiden Guidances sind kumulativ anzuwenden.

1.8 GAMP als der führende Industriestandard – auch im GCP-Bereich anwendbar?

1.8.1 ISPE und GAMP

1991 schlossen sich in Großbritannien pharmazeutische Experten zu einer Gruppe zusammen, um ein gemeinsames Verständnis und eine gemeinsame Interpretation der neuen Regeln in einer pharmazeutischen Produktion entsprechend den GMP-Anforderungen zu entwickeln. Diese Gruppe nannte sich das **G**ood-**A**utomated-**M**anufacturing-**P**ractice(GAMP)-Forum und veröffentlichte 1994 ihren ersten Good Practice Guide unter dem Titel „The Good Automated Manufacturing Practice (GAMP) Guide for Validation of Automated Systems in Pharmaceutical Manufacture“. Dieser GAMP-Guide wurde schnell zum Standardwerk im Sinn von „Best Practices“ für die Validierung und Qualifizierung von Automatisierungssystemen im pharmazeutischen Umfeld weit über Großbritannien hinaus. Mit der Version 5 [17] liegt nun ein Regelwerk vor, das mittlerweile auch von den Überwachungsbehörden weltweit als Regelwerk für den Stand von Wissenschaft und Technik akzeptiert wird. Das GAMP-Forum ging 2000 in der International Society for Pharmaceutical Engineering (ISPE) auf.

1.8.2 GAMP und GCP

Der GAMP ist als Leitfaden (Anleitung) zu sehen und ist, entgegen einer weit verbreiteten Meinung, nicht rechtsverbindlich. Er vermittelt jedoch der anwendenden Organisation bei korrekter Anwendung Sicherheit in Umgang, Auslegung und Umsetzung der regulatorischen Anforderungen. Dies ist v. a. im GCP-Bereich derzeit erforderlich, u. a. aufgrund der bereits in Kap. 1.7, S. 104 beschriebenen grundsätzlichen Unsicherheit bzgl. der Validierungsanforderungen. Das GAMP-Akronym und die GMP-Wurzeln können annehmen lassen, der GAMP wäre für die anderen GxP-Bereiche nicht anwendbar. Den Ursprung kann man nicht verleugnen, jedoch wird das GAMP-Akronym zunehmend im Sinn des geschützten Markenzeichens verwendet. Eine denkbare Namensänderung bspw. in GAXP ist gänzlich ausgeschlossen.

Um den ganzheitlichen Ansatz des Leitfadens besser herauszustellen, wurde der Geltungsbereich des Leifadens in der Vergangenheit bereits von GMP auf GxP-Systeme ausgedehnt. Obwohl GxP auch GCP einschließt, wurden innerhalb der ISPE bisher erst wenige Dokumente zu diesem Bereich veröffentlicht. Meist werden dabei Themen rund um die Versorgungskette klinischer Studien oder im Zusammenhang mit der Herstellung von klinischen Prüfpräparaten stehen. Zur Validierung computergestützter GCP-Systeme gab es bis 2009 keine konkreten Aussagen respektive Anforderungen.

Die Gründung einer ISPE GAMP Special Interest Group (SIG), die sich ausschließlich mit der Compliance von computergestützten GCP-Systemen und Prozessen beschäftigt war die logische Konsequenz. Diese SIG besteht nunmehr seit März 2009, ist von der ISPE GAMP COP (Community of Practice) gesponsort und setzt sich aus Vertretern von Industrie und Behörde (US und EU) zusammen. Von der Gruppe wurden bisher zwei Whitepapers veröffentlicht:

ein Leitfaden für die Validierung und Datenintegrität von eClinical Platforms [10] und ein Papier zur Anwendung des GAMP auf GCP-Systeme am Beispiel eines EDC-Systems [11]. Die beiden Dokumente unterstützen den Anwender bei der Interpretation der GAMP-Prinzipien und der Anwendung auf konkrete Herausforderungen bei der Validierung von computergestützten GCP-Systemen.

2. Prozessoptimierung durch Technologieeinsatz und Qualitätsmanagement

Die Zeiten, in denen Papiermassen zur Zulassung eines Arzneimittels notwendig waren und sich ihren Weg per LKW über Autobahnen zur Zulassungsbehörde bahnen mussten, gehören der Vergangenheit an. Heutzutage werden die relevanten Daten überwiegend elektronisch zusammengestellt und übertragen. Die Herausforderung liegt nunmehr in der Beherrschung der zur Verfügung stehenden technologischen Werkzeuge, durch welche die GCP-relevanten Daten entlang der klinischen Prozesse gesammelt, verdichtet und an die zuständigen Behörden übermittelt werden.

2.1 Paradigmenwechsel von Papier zu E-Paper

Im Zug des technologischen Fortschritts hat im Bereich der klinischen Prüfungen ein Paradigmenwechsel stattgefunden, der mit den ersten „remote data entry“ Projekten vor ca. 20 Jahren [12,13] begonnen hat. Inzwischen gibt es eine große Vielfalt von computergestützten Systemen, die im Rahmen klinischer Prüfungen eingesetzt werden – von der Planung der Prüfung, über das Management der Projekte insgesamt bis hin zum Datenmanagement (inkl. Datenerfassung und -analyse) und Monitoring. Auch essenzielle Dokumentensammlungen wie der Trial Master File (TMF) werden inzwischen mehr und mehr elektronisch vorgehalten und gepflegt. Auch hierzu liegt inzwischen ein Reflection Paper zur Kommentierung vor.

Obwohl die technologische Entwicklung frühzeitig als richtungsweisend erkannt wurde, wurde eines der wichtigsten Dokumente, die ICH „Guideline for Good Clinical Practice“ (Topic E6), seit 1996 nicht an die sich verändernde Marktsituation angepasst. Dies hat zur Folge, dass ein großer Anteil der Anforderungen, die noch für eine Welt des Papiers formuliert wurden, nun auf eine hochtechnisierte elektronische Daten- und Dokumentationswelt übertragen und z. T. neu interpretiert werden müssen, was eine Herausforderung für die betroffenen Unternehmen darstellt. War die Prozesslandschaft einer klinischen Prüfung früher rein über die Papierdokumentation abzubilden, bietet der Einsatz neuer Technologien im Management der Prüfungen heute weitreichende Möglichkeiten zur Prozessoptimierung. Dennoch muss der Einsatz solcher Technologien immer einem engmaschigen Qualitätsmanagement unterliegen, um zu gewährleisten, dass der Prozessablauf und die damit verbundenen Daten von mindestens gleicher Qualität sind, wie sie bei einem entsprechenden papierbasierten Ablauf wären.

2.2 Prozess und Werkzeug

Bei einem computergestützten System handelt es sich um eine generische Definition, die Menschen, Prozesse, Dokumentation, Software/Applikation und Hardware (inkl. Equipment) bei der Validierung miteinbezieht (Abb. 4).

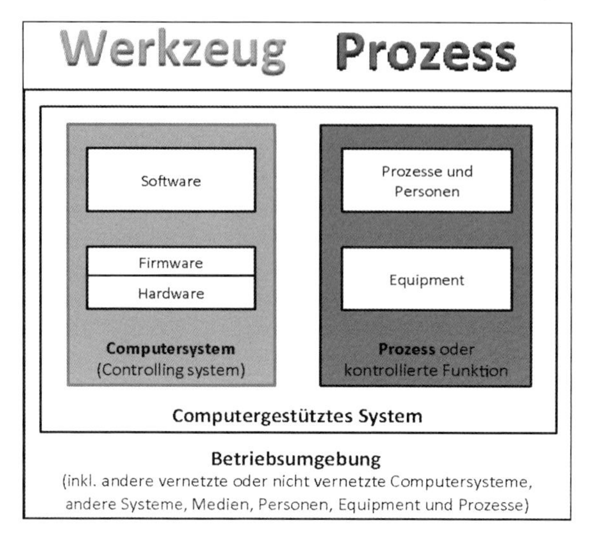

Abb. 4. Computergestütztes System, Zusammenhang von Prozess und Werkzeug [14].

Eine Applikationssoftware steht für die Summe ihrer Einzelfunktionen, die der Ausführung von Prozessen zur Erfüllung des "intended use" dienen. Bei einer Funktion wiederum handelt es sich um eine Aktivität, die von einer Applikation ausgeführt wird und zu einem spezifizierten Ergebnis führt. Die Funktion bleibt dabei fix, während der Verwendungszweck (der "intended use") variieren kann. Dies lässt sich anhand der Verwendung eines Hammers verdeutlichen. Die Funktion des Hammers ist es, etwas zu hämmern, während der „intended use" – nämlich das, was mit dem Hammer gehämmert wird – alles sein könnte, was der Nutzer des Hammers im Sinn hat. Auf das, was gehämmert wird, hat der Hammer keinen Einfluss.

Analog könnte der Prozess „Kaffeekochen" mit dem Werkzeug „Kaffeemaschine" betrachtet werden.

Es existiert grundsätzlich ein Übergang zwischen dem, ***was*** getan werden muss und dem, ***womit*** es getan wird. (Bildaufhängen – Hammer, Kaffee kochen – Tasse etc.). Der gesamte Validierungsprozess kann somit entlang alltäglicher Aktivitäten und Werkzeuge dargestellt werden (z. B. Lieferantenauswahl bzgl. Hammerlieferanten; individuelle Konfiguration eines Standardhammers: Schlaufe am Griff).

Wird bei der Validierung computergestützter Systeme die konsequente Trennung zwischen Prozess und Werkzeug eingehalten, ergeben sich im Verlauf Vorteile, die in den beiden folgenden Unterkapiteln kurz dargestellt werden.

2.2.1 Validierung und Qualifizierung

Analog zum Zusammenhang zwischen Prozess und Werkzeug lässt sich zwischen Validierung und Qualifizierung differenzieren. Prozesse werden hinsichtlich ihres Verwendungszwecks validiert, d. h., die Gesamtheit der Aktivitäten zur Sicherstellung der Prozess-/Datenqualität sowie der Geschäftsprozesse selbst (bzw. das Studienprotokoll/der Prüfplan) sind zu berücksichtigen.

Der Nachweis der Validität des Prozesses (und in Konsequenz der Software/Applikation) erfolgt über Nachweisdokumentation, die den beabsichtigten Zweck der Validierung belegt. Wird dieses Prinzip auf die üblichen Validierungsdokumente angewendet, bedeutet dies, dass der Prozess („Intended Use") über Benutzeranforderungen abgebildet wird und die Eignung des Werkzeuges im Prozess über Akzeptanztests vom Auftraggeber sicherzustellen ist.

Ein valider Prozess kann diesen Status nur erreichen, wenn die benötigten Werkzeuge für den Einsatz im Prozess geeignet, also qualifiziert sind. Das heißt, bzgl. der Dokumentation werden die Werkzeuge auf Basis der Benutzeranforderung spezifiziert (Funktion, Konfiguration, Hardware-, Software-, Moduldesign). Im Anschluss werden die Werkzeuge entwickelt, installiert, bei Bedarf konfiguriert und hinsichtlich Funktion/Konfiguration getestet. Das heißt, es wird der formale Beweis geführt, dass das Werkzeug entsprechend seiner formalen Spezifikation arbeitet, zu den erwarteten Ergebnissen führt und damit seine Funktion im Prozess angemessen erfüllen kann.

2.2.2 Prozesseigner und Systemeigner

Die im Abschnitt 2.2 erwähnten Prozesse werden inhaltlich von einer Person oder dem Leiter einer Gruppe, dem sog. Prozesseigner, verantwortet. Dieser stammt i. d. R. aus dem Fachbereich, in dem der Prozess abläuft. Die Person überblickt den gesamten Prozess, nicht nur die Prozessanteile, die softwaregestützt durchgeführt werden. Da der Prozesseigner aufgrund seiner weitreichenden Sachkenntnis auszuwählen ist, ist dieser auch für die Definition der Anforderungen sowie die Compliance des Prozesses verantwortlich. Der Prozesseigner delegiert die Umsetzung des Systems an den Systemeigner. Die haftende Verantwortung, d. h. für Fehler in der Anforderung oder beim Akzeptanztest, ist nicht delegierbar. Sie verbleibt somit beim Prozesseigner.

Der Systemeigner spezifiziert das System und garantiert dessen einwandfreie Funktion (hinsichtlich der Benutzeranforderung des Prozesseigners). Bei einem computergestützten System ist der Systemeigener sowohl für die Qualifizierung des Systems im Kontext des übergeordneten Prozesses als auch für den Betrieb des Systems (Wartung, Backup, etc.) verantwortlich.

Im Kontext der Definition von Prozess und Werkzeug stellen sich die Verantwortlichkeiten vereinfacht folgendermaßen dar:

- der Prozesseigner verantwortet den übergeordneten Prozess und ist für dessen Validität verantwortlich
- der Systemeigner ist für das unterstützende Werkzeug (inkl. der Integrität der gespeicherten Daten) und dessen Qualifizierung verantwortlich

2.3 Plattformgedanke und erweitertes Schichtenmodell

Mit der Einführung des GAMP GPG IT Infrastructure Control and Compliance wurde der Begriff Plattform erstmals offiziell mit der IT-Infrastruktur GxP-regulierter Systeme in Verbindung gebracht. Eine Plattform stellt technologische Rahmenbedingungen zur Verfügung (Hardware und Software), die notwendig sind, damit eine Anwendungssoftware ihren beabsichtigten Zweck erfüllen kann. Die Verwendung von wiederverwendbaren Building Blocks (s. Kap. 7, S. 126), die als logische Gruppierung von standardisierten Komponenten zu verstehen sind, ermöglicht die effiziente Zusammenstellung und den effizienten und qualitätsgesicherten Betrieb von IT-Infrastrukturlandschaften. Als generische Verfahren sind sowohl das Building-Block-Konzept als auch das Plattformprinzip nicht auf die IT-Infrastruktur beschränkt zu betrachten, sondern auch auf vergleichbare Problemstellungen anwendbar.

Bei der Einführung des GAMP® 5 wurde konsequent die GAMP-Kategorie 1 auf Infrastructure Software (Infrastructure (Management) Tools und Layered Software) ausgedehnt und realisierte somit die Schnittstelle zur IT-Infrastruktur. Layered Software definiert Software, wie z. B. Betriebssysteme, Tabellenkalkulation oder statistische Programmierwerkzeuge, die eine Plattform für Entwicklungen (z. B. Konfiguration, Makros, Skripte) darstellen.

Bei sog. eClinical-Plattformen ist eine Zusammenstellung von Software- und Hardwaretools (Building-Blocks) im Einsatz, die in ihrer Gesamtheit die Abwicklung von klinischen Studien unterstützen, d. h. inklusive aller notwendigen Funktionen zur Sammlung, Analyse und Verarbeitung der Daten.

Der wesentliche Unterschied der eClinical-Plattform zur GAMP-Kategorie 1 ist die Tatsache, dass die einzelnen Softwareprodukte im Auslieferungszustand betrachtet werden und die eClinical-Plattform ein vorkonfiguriertes Applikationsportfolio als Zwischenschicht zwischen Clinical-Trial-Prozess und GAMP-Kategorie 1 Layered Software darstellt [10]. Abb. 5 zeigt eine vertikale Betrachtung dieses Zusammenhangs.

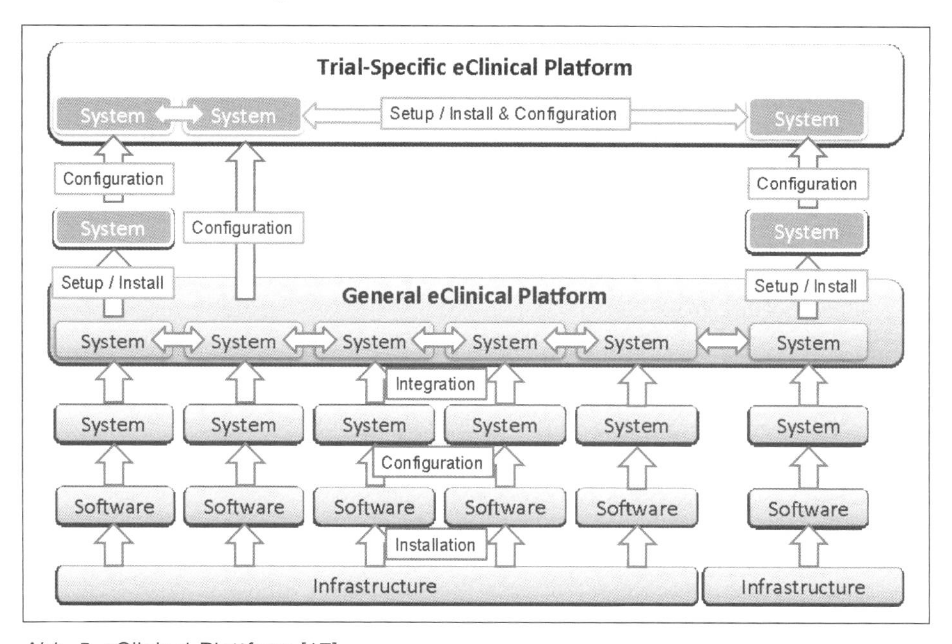

Abb. 5. eClinical-Plattform [17].

Die einzelnen Bausteine dieser Plattformen können z. B. Electronic-Data-Capture-Systeme, IVR-System oder auch ganze Clinical-Trial-Management-Systeme (CTMS) sein. Sowohl Softwarekomponenten für die Übertragung von Patiententagebüchern oder Labordaten als auch Logistiksysteme für die Verteilung der Prüfpräparate können ebenfalls in solche eClinical-Plattformen integriert sein.

Bei der Validierung von eClinical-Plattformen ist folglich ein prozessorientierter, holistischer und risikobasierter Ansatz gefordert, der den Datenfluss von der Quelle (Prüfzentrum, Labor etc.) über die beteiligten Auftragsforschungsinstitute (Contract Research Organizations – CROs) bis hin zum Sponsor über definierte Schnittstellen durch die verschiedenen Systeme der eClinical-Plattform gewährleistet. Abbildung 6 beschreibt die horizontale Sicht auf eine eClinical-Plattform (als Systemlandschaft) und stellt vereinfacht den Zusammenhang und den Austausch von Daten zwischen den verschiedenen Systemen dar (s. „vertikale Sicht“ in Kap. 2.3).

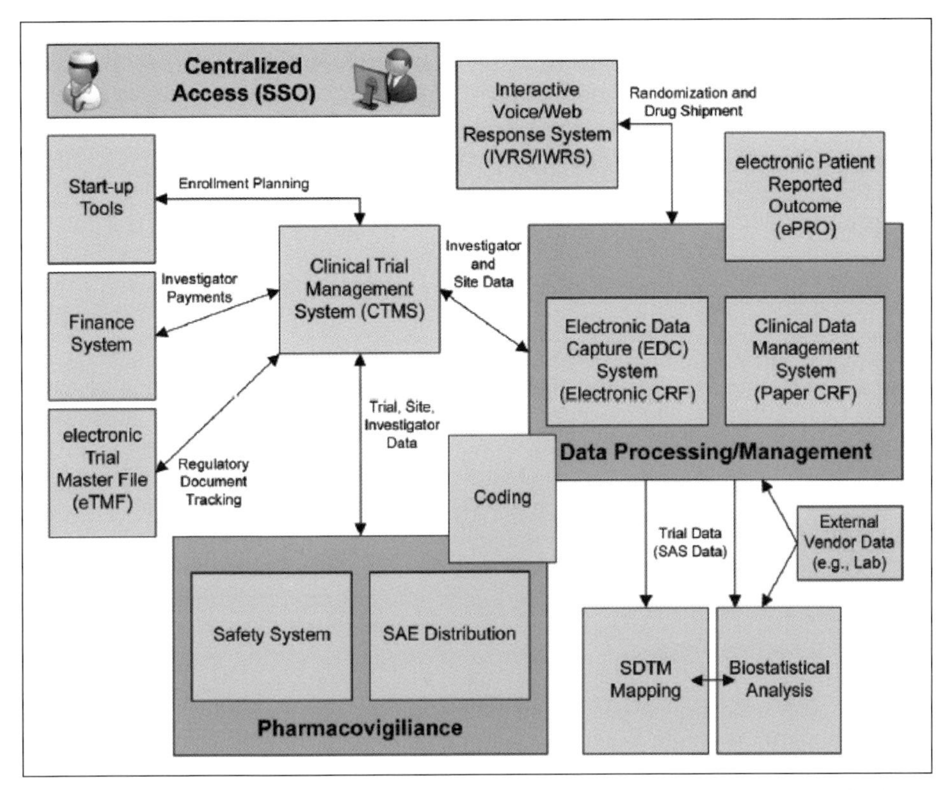

Abb. 6. Vereinfachte Darstellung der Zusammenhänge einer eClinical-Plattform [17].

2.4 Elektronische Unterschrift auf virtuellen Plattformen

Bei verschiedenen Prozessen werden an unterschiedlichen Stellen und zu unterschiedlichen Zeiten Unterschriften geleistet. Durch diese Unterschriften werden häufig Dokumente freigegeben, Prozessschritte abgeschlossen oder initiiert oder auch wichtige Projektmeilensteine bestätigt. Eine Unterschrift ist immer an eine spezielle Person und an eine dazugehörige Aufzeichnung gebunden und wird nur von dieser Person eingesetzt. Wenn ein Prozess von einer Papierdokumentation begleitet wird, gestaltet sich die Nutzung von Unterschriften relativ verständlich: einzelne Personen werden aufgefordert, Dokumente eigenhändig zu unterschreiben (dokumentenechtes Schreibgerät!).

Bemerkung

Problematisch wird es, wenn diese Personen an verschiedenen Standorten weltweit agieren, denn dann ist das Einholen solcher Unterschriften im Original von der postalischen Zustellung und Rücksendung abhängig – mit allen Unwägbarkeiten inklusive Verlust.

Obwohl die Anwendung von elektronischen Unterschriften nicht Pflicht ist, hat im Bereich der klinischen Prüfungen mit der Einführung der elektronischen Datenerfassung auch das Konzept der elektronischen Unterschrift (zumindest theoretisch) Einzug erhalten. Einzelne Dokumente und Datensätze und sogar ganze Datenbanken können durch elektronische Unterschriften (z. B. durch einen Prüfer) formal bestätigt oder genehmigt werden.

Eine elektronische Unterschrift („Signatur") ist eine Zusammenstellung von Daten aus einzelnen oder mehreren beliebigen Symbolen – ausgeführt, zugeordnet oder autorisiert durch ein Individuum als rechtliches Äquivalent einer handschriftlichen Unterschrift. Solche Unterschriften können durch spezielle Hardware wie Schlüsselkarten oder Tokens erstellt werden und bei manchen Systemen werden sie durch biometrische Parameter verifiziert. In der Praxis der klinischen Prüfungen werden elektronische Unterschriften – wie in den anderen GxP-Bereichen – üblicherweise mit Anwendung der einfachen elektronischen Unterschrift – d. h. Nutzer-ID und einem Passwort – geleistet. Technologisch wären zwar fortgeschrittene oder sogar qualifizierte Unterschriften (s. Signaturgesetz und 21 CFR Part 11) möglich, jedoch gibt es derzeit noch keine verbindliche Forderungen im GCP-Bereich, die über die einfache elektronische Unterschrift hinausgehen. Folglich ist die einfache elektronische Unterschrift regulatorisch derzeit noch ausreichend.

Die einzige Aufzeichnung im Rahmen von klinischen Prüfungen, die z. B. im europäischen Wirtschaftsraum derzeit höhere Anforderungen an eine elektronische Unterschrift stellen würde, ist die Patienteneinwilligung und diese wird bisher ausschließlich auf Papier unterschrieben und archiviert. Interessant ist zu erwähnen, dass in diesem Zusammenhang in Indien derzeit eine Diskussion über die videobasierte Aufzeichnung der Patienteneinwilligung herrscht.

Bei der Anwendung von elektronischen Unterschriften besteht also die Herausforderung auch im GCP-Bereich darin, zu gewährleisten, dass diese elektronischen Unterschriften den papierbasierten Unterschriften nicht unterlegen, d. h. mindestens gleichwertig sind. Dazu gehört u. a., dass eine Unterschrift mit allen ihren inhaltlichen Aussagen unwiederbringlich mit einem Dokument assoziiert bleiben muss (Metadaten des Dokuments) und nicht z. B. einfach gelöscht oder unlesbar wird. Speziell beim Transfer von Daten und Dokumenten zwischen verschiedenen Systemen kann dies problematisch werden und muss bei jedem Datentransfer oder bei Migrationen von Daten geprüft werden. Weiterhin darf die Signatur nicht einfach kopiert werden, sondern muss, wie bereits erwähnt, eindeutig mit der unterschriebenen Aufzeichnung verbunden bleiben, da sie sonst nicht fälschungssicher ist.

3. Reduzierung von Validierungsaufwänden

In der Vergangenheit wurde eher binär, d. h. gemäß der Methode „alles oder nichts" validiert. Erst durch den Einsatz von Risikoanalysen konnten Aufwände auf wesentliche Systembereiche oder Funktionen fokussiert werden. Beim risikobasierten Ansatz handelt es sich um die konsequente Weiterentwicklung dieser Idee. Dieser Ansatz basiert auf der Annahme, dass durch die konsequente Orientierung der eingesetzten Systeme am Geschäftsprozess, bei gleichzeitiger Verbesserung der (dokumentierten) Prozesskenntnis, Risiken bereits an der Quelle identifiziert und analysiert werden. In der Konsequenz kann im Verlauf von Projekten durch geeignete und risikominimierende Maßnahmen maßgeblich und regulatorisch belastbar Einfluss auf die Validierungsaufwände genommen werden.

Grundsätzlich sollte bei der Validierung von computergestützten Systemen jedoch initial die Frage nach der Validierungspflicht im Prozess gestellt werden. Das heißt, liegt bei dem durch das System abzubildenden Prozess (oder Teilprozess) eine GCP-Relevanz direkt oder indirekt vor.

Erst bei GCP-Relevanz des Prozesses sind weitere und entsprechend systemspezifischere Fragestellungen, d. h. Einfluss des Systems auf Integrität von Daten und Patientensicherheit, relevant.

Fließen z. B. die im Rahmen der klinischen Prüfung erhobenen Daten entlang des GCP-Prozesses:

- durch ein System hindurch
- werden durch das System verändert
- steuert das System einen essenziellen Prozessschritt

so muss davon ausgegangen werden, dass die Konsequenzen einer Fehlfunktion genau dieses Systems für die Studie gravierend wären.

3.1 Feststellung der Validierungspflicht im Geschäftsprozess

Die GCP-Relevanz muss so früh wie möglich – idealerweise bereits im Geschäftsprozess – festgestellt werden. Handelt es sich um einen kritischen Geschäftsprozess, vererbt dieser seine Validierungsrelevanz an die Systeme, die im Prozessablauf genutzt werden. Bei unkritischen Geschäftsprozessen wird der Grund für diese Einschätzung regulatorisch belastbar dokumentiert; die Validierung dieser unkritischen Systeme ist dann ggf. nicht erforderlich.

Von wesentlicher Bedeutung im Validierungsprozess ist die Methode zur Feststellung der Validierungspflicht (Kritikalität). Diese enthält die Heuristik, worüber die Validierungspflicht eines Systems argumentiert wird. Ist diese fehlerhaft oder wird falsch angewendet, können die Auswirkungen beim Verzicht auf die Validierung eines GCP-relevanten Systems immens sein. Bei der Validierung eines nicht relevanten Systems ist lediglich der Ressourceneinsatz als Problem anzusehen.

Bei festgestellter Validierungspflicht werden die Aufwände entlang des Validierungsprozesses sukzessive durch weitere Risikoanalysen auf die kritischen Funktionen und Daten gelenkt.

Wesentliche Fragestellungen sind in diesem Zusammenhang:

- Inwieweit beeinflussen Prozesse die Patientensicherheit und die Datenintegrität?
- Warum haben die Prozesse keinen Einfluss auf die Patientensicherheit und die Datenintegrität?

3.2 Risikobasierter Ansatz

Beim risikobasierten Ansatz handelt es sich um ein Verfahren, das Risiken sukzessive auf den verschiedenen Prozess- und Systemebenen feststellt und methodisch durch gezieltes Risikomanagement auf die kritischen Prozess- und Systemregionen lenkt. Dabei ist die 3-stufige Differenzierung der Kritikalität (gering, moderat, hoch) weit verbreitet.

Potenzielle Risiken werden üblicherweise auf Grundlage der jeweiligen Anforderungen (bzw. Spezifikationen) in Fehlerszenarien isoliert. Daraus werden Auftrittswahrscheinlichkeit, Entdeckungswahrscheinlichkeit und Schwere der Auswirkung abgeleitet und gemäß einer definierten Metrik quantifiziert. Die Metrik ist so zu definieren, dass der Einfluss des potenziellen Risikos auf Datenintegrität und Patientensicherheit unmissverständlich daraus hervorgeht. Die Risikopriorität als Produkt von Wahrscheinlichkeiten und Auswirkungsschwere definiert letztendlich die Validierungstiefe. Die risikominimierenden Maßnahmen werden in Abhängigkeit der festgestellten Validierungstiefe dimensioniert.

Bemerkung

Bei der Durchführung von klinischen Prüfungen, d. h. nach Herstellung des Prüfpräparats und Verteilung an die Prüfzentren, existiert kein haptisches Prozessprodukt im eigentlichen Sinne. Bei einer klinischen Prüfung werden stattdessen Informationen generiert, d. h. Daten. Das Prozessprodukt sind folglich die Daten und das zweite ultimative Ziel aller Validierungsaktivitäten von klinischen Prüfungen ist es, deren Integrität sicherzustellen.

3.3 Skalierung der Lebenszyklus-Aktivitäten

Bei der formalen Abbildung des Lebenszyklus von Systemen unterscheidet der GAMP z. B. folgende Begriffe, welche klassisch das Softwaredesignmuster des Kompositums, d. h. Teil-Ganzes-Hierarchie, erfüllen:

- Lebenszyklus-Ansatz
- Lebenszyklus-Phasen
- Lebenszyklus-Aktivitäten

Das bedeutet, dass der Ansatz die Strategie und den chronologischen Ablauf der Phasen: Konzept, Projekt, Betrieb und Außerbetriebnahme beschreibt. In jeder Phase sind die phasenspezifischen Aktivitäten zu definieren. Die Aktivitäten sind unterteilt in Auftraggeber (Sponsor) und Auftragnehmer (z. B. CRO, Labor).

Skalierung der Lebenszyklus-Aktivitäten bedeutet in diesem Zusammenhang, dass in Abhängigkeit von der Neuheit des Systems, der Fähigkeiten des Lieferanten und der Softwarekategorie (gemäß GAMP: nicht konfiguriert, konfiguriert, individuell erstellt) die Anzahl der Validierungsdokumente auf das erforderliche Minimum reduziert werden kann. Die Validierungsbreite orientiert sich an der Anzahl der umzusetzenden Einzelanforderungen (diese sind der Benutzeranforderung und in der Konsequenz den Spezifikationen zu entnehmen), während die Validierungstiefe über die im vorherigen Kapitel genannten Risikoanalysen definiert wird.

3.4 Leistungsfähigkeit des Auftragnehmers

Die Auswahl und Leistungsfähigkeit der eingesetzten Auftragnehmer (inkl. Lieferanten) hat einen erheblichen Einfluss auf den Erfolg einer klinischen Studie. Bei den Auftragnehmern kann es sich z. B. um CROs, Softwarehersteller, IT-Hoster, Cloud-Anbieter oder Labordienstleister handeln. Auftragnehmer sind in Abhängigkeit von der Kritikalität des Geschäftsprozesses, für die eine Lösung gesucht wird, auszuwählen und hinsichtlich ihrer Leistungsfähigkeit zu überprüfen (zu qualifizieren). Die Tatsache, dass sich der Auftraggeber hinsichtlich der Eignung vor Beauftragung überzeugen muss, ist von wesentlicher Bedeutung. Unabhängig von folgendem Vorgehen sind Entscheidungen risikobasiert zu dokumentieren.

Bei nicht konfigurierten Systemen (Commercial off-the-shelf-software (COTS) oder Standardsystemen) kann auf die Auditierung vor Ort verzichtet werden. Hier wäre z. B. der RfI/RfP-Prozess (Request for Information/Request for Proposal) bereits ausreichend. Für konfigurierte oder kundenspezifisch entwickelte Systeme ist ein Audit beim Systemlieferanten durchzuführen. Wird z. B. während eines Audits der Softwareentwicklungsprozess analysiert (Vorgabe und Nachweisdokumente) und für geeignet deklariert, kann im weiteren Projekt auf diese Dokumentation referenziert werden, d. h., es ist nicht erforderlich, diese beim Auftraggeber zu archivieren. Jedoch sollte der Auftraggeber sich das Recht vorbehalten, im Fall von Inspektionen – ggf. punktuell – Einsicht in die

Dokumentation zu erhalten, z. B. durch vertragliche Vereinbarungen. Unabhängig von der gewählten Variante ist die Entscheidung für einen Lieferanten formal zu belegen (Verwendungsentscheid).

4. Umgang mit Daten

Ablauf, Ergebnisse und Entscheidungen innerhalb einer Studie basieren auf Daten, deren Erhebung planend während der Studienvorbereitung festgelegt wird. Während der Studie dokumentieren Daten den Studienfortschritt und einzelne Ergebnisse. Bei der Studienbewertung sind Daten wiederum Basis für Entscheidungen über Erfolg oder Misserfolg einer Studie. Im Rahmen einer Studie kommt zur Verarbeitung der Daten eine Vielzahl von Systemen zum Einsatz, die oft nicht vernetzt und/oder global verstreut sind.

4.1 Identifizierung qualitätsrelevanter Daten

Da im Rahmen von klinischen Prüfungen viele verschiedene Daten in ebenso vielen Dokumenten erfasst werden, stellt sich die Frage, wie man die kritischen Daten identifiziert. Zunächst sollte man hier grob zwischen den Daten unterscheiden, die im Rahmen der klinischen Prüfung dem wissenschaftlichen Zweck der Prüfung dienen (d. h. Daten, die am Patienten/Studienteilnehmer erhoben werden) und den Daten, die die sachgerechte Durchführung der Prüfung belegen (regulatorische Daten).

Die klinischen Daten werden vom Prüfer am Patienten/Studienteilnehmer erhoben (auch Laboruntersuchungen) bzw. z. T. über Selbstauskunft durch den Patienten selbst erfasst (Patientenfragebögen, Patiententagebücher) und dem Prüfer übergeben. Diese Daten werden in der Studiendatenbank erfasst und schließlich bei der Auswertung der Prüfung analysiert und bewertet. Diese Daten werden im Abschlussbericht der klinischen Prüfung dargestellt und können z. B. zur Beantragung einer Zulassung für ein neues Arzneimittel dienen. Ein Ansatz ist es, alle solche Daten zunächst als kritisch zu betrachten und damit die Integrität aller Daten dieser Kategorie zu gewährleisten. In der Praxis ist jedoch klar, dass bestimmte Daten von besonderem Interesse sind. Dies sind die Daten, welche die Wirksamkeit und Sicherheit des Arzneimittels belegen sollen, also Daten zu den Ein- und Ausschlusskriterien, Endpunkten, Nebenwirkungen. Ebenfalls aus wissenschaftlicher Sicht relevant sind Daten zur Randomisierung bzw. Entblindung. Wenn diese Daten nicht korrekt sind oder nicht korrekt verwaltet werden, ist die gesamte Studie aus wissenschaftlicher Sicht in Frage zu stellen.

Daten zur Compliance der klinischen Prüfung sind z. T. aus wissenschaftlicher Sicht nicht relevant, jedoch sind sie die Grundlage dafür, dass die Studie nach regulatorischen Anforderungen aufgesetzt und durchgeführt wurde. Hier sind besonders ethische Aspekte von großer Bedeutung. Es geht um Daten und Dokumente, die auf lange Sicht die korrekte Durchführung der klinischen Prüfung belegen müssen. Klassische Dokumente sind hier die Dokumente (und Daten), die in den Trial Master File (TMF) einfließen. Unterlagen, wie sie zur Genehmigung der klinischen Prüfung, zur Aufklärung der Patienten, zur Konformität mit dem Prüfplan und dem Abschlussbericht benötigt werden, sind wichtige Dokumente, die auch nach Jahren die Nachvollziehbarkeit der Prüfung gewährleisten müssen.

Beide Datentypen sind deshalb (wenn auch aus unterschiedlichen Gründen) kritisch und unterliegen einer Qualitätskontrolle bzw. einem Audit Trail, um Änderungen nachverfolgen zu können.

Als Projekt besteht die Aufsetzung, Durchführung und Auswertung einer klinischen Studie auf verschiedenen Prozessen und Teilprozessen. Um festzustellen, ob es sich bei diesen Prozessen um kritische Prozesse handelt, muss deshalb die Frage gestellt werden, ob in einem beliebigen Prozess entweder:

- die klinischen Daten aufgenommen, weitergeleitet, transformiert, berichtet oder archiviert werden oder
- regulatorisch essenzielle Dokumentationen erstellt werden, die die regulatorisch konforme Durchführung der klinischen Prüfung belegen

4.2 Technologische Sicherstellung der Datenintegrität (ALCOA+)

Während einer klinischen Prüfung liegt eine wesentliche Verantwortung für die Überwachung des Ablaufs einer Studie darin, dass die klinischen Daten richtig, vollständig und jederzeit auf die Quelldaten (Source Data) zurückführbar sind. Als Quelldaten sind die Daten zu verstehen, die erstmalig Ergebnisse oder Beobachtungen innerhalb der klinischen Prüfung erfassen und dokumentieren. Diese Daten können sehr vielfältiger Natur sein. Daten zum medizinischen Ablauf, Laborberichte, Daten zum Verbrauch und der Bestandsverwaltung des Prüfpräparats sind nur einige Beispiele. Diese Daten sind als höchst kritisch anzusehen, da auf ihrer Integrität sowohl die Glaubwürdigkeit der Studie selbst als auch aller aus den Quelldaten abgeleiteten Folgedaten und Entscheidungen beruht. Ihre Verlässlichkeit bestimmt letztendlich das Vertrauen in die Ergebnisse einer klinischen Prüfung.

Die Bedeutung der Datenintegrität wird auch von den Überwachungsbehörden hoch eingestuft. Die FDA publizierte z. B. 1999 die Guidance for Industry: Computerized Systems Used in Clinical Trials, worin die Behörde einen Satz an Kriterien für die Datenintegrität definierte. Diese erleichtern die Bewertung der Integrität von Daten und ermöglichen zusätzlich die Vergleichbarkeit dieser Bewertungen. Zwischenzeitlich wurde aus den definierten Kriterien – in veränderter Reihenfolge – das Akronym ALCOA abgeleitet, welches in den letzten Jahren zunehmend an Bedeutung gewinnt (siehe auch Guidance for Industry: Electronic Source Data in Clinical Investigations). ALCOA beschreibt die Anforderungen an die Datenintegrität und steht für:

- attributable
- legible
- contemporaneous
- original
- accurate

Inzwischen wurde aus der täglichen Nutzung heraus der Begriff ALCOA um einige Elemente zu ALCOA+ erweitert. Dazu gekommen sind:

- complete
- consistent
- enduring
- available

Diese ALCOA+-Kriterien bzw. die Anforderungen an notwendige Kontrollen werden im Folgenden näher beschrieben.

4.2.1 Attributierbar – Attributable

Die Kontrolle des Zugangs zu einem computergestützten System ist essenziell für die Erhaltung der Datenintegrität: nur mittels kontrollierten Zugangs kann man gewährleisten, dass jede Aktion auf ein spezifisches Individuum zurückzuführen ist. Nur autorisierte Nutzer sollten Zugriff auf das System haben. Gleichzeitig sollte diesen Nutzern nur der Zugriff auf die von ihnen benötigte Funktionalität ermöglicht werden. Um sicherzustellen, dass Aktionen zurechenbar sind, sollte die Anwendung in der Lage sein zu berichten, wer welche Aktion zu welcher Uhrzeit und zu welchem Datum durchgeführt hat. Zur effektiven Pflege eines computergestützten Systems benötigen manche User eine höhere Zugangsebene zur Anwendung, zum Betriebssystem und zur Datenbank. Die Anzahl solcher User sollte – so weit wie möglich – eingeschränkt werden, da Aktionen außerhalb der Anwendung schwer nachzuvollziehen sind.

4.2.2 Lesbar – Legible

Daten sollten nach der Erhebung lesbar und in einem dauerhaften Medium aufgezeichnet werden, z. B. in elektronischen Datensätzen, die unveränderlich sind. Datensätze sollten verfügbar und für den vorgesehenen Gebrauch verwendbar sein. Eine besondere Herausforderung stellt sich hieraus an die Archivierung solcher Daten, da im Bereich der klinischen Forschung lange Aufbewahrungsfristen die Norm sind und deshalb durch den stetigen technologischen Wandel Datenformate, Datenträger und die für das Lesen der Daten notwendige Software im Lauf der Zeit obsolet werden können.

4.2.3 Zeitgleich – Contemporaneous

Daten sind nur glaubwürdig, wenn sie zum Zeitpunkt der Messung oder einer relevanten Aktion aufgezeichnet werden. Quelldokumente sollten deutlich darlegen, dass die Daten zum Zeitpunkt ihrer Entstehung aufgezeichnet wurden. Zeitliche Unterschiede zwischen scheinbar gleichzeitigen Ereignissen sind kritische Punkte. Gleiches gilt bei nicht gleichzeitigen Ereignissen, die in dem gleichen Zeitrahmen aufgezeichnet werden. In diesem Fall muss jeder Datensatz in der gleichen Reihenfolge gespeichert werden, in der die Ereignisse tatsächlich abgelaufen sind. Daten bestehen nicht nur aus den Messungen oder Ereignisdaten, sondern auch aus den zugehörigen Metadaten, wie z. B. Datum und Zeit des Ereignisses, Maßeinheiten, Identifikation des Urhebers und Eigentümers der Daten. Im Fall des Gebrauchs elektronischer Signaturen oder Genehmigungen müssen diese ebenfalls zeitgleich dem Dokument zugefügt werden.

4.2.4 Original

Sobald ein Datenpunkt oder Ereignis zum ersten Mal aufgezeichnet wird, wird dieses Medium zum Quelldokument und repräsentiert die Rohdaten. Diese Daten bestehen nicht nur aus Messwerten, sondern auch aus den Metadaten. Es spielt dabei keine Rolle, ob das Medium physikalischer oder elektronischer Natur ist.

Das Aufzeichnen von Daten bietet die Möglichkeit der Dateneingabe- oder Tippfehler. Eine Fotokopie eines medizinischen Diagramms kann zuerst vollständig sein, aber zusätzliche Informationen können auf die ursprüngliche Grafik zu einem späteren Zeitpunkt hinzugefügt werden, die nicht auf der kopierten Version vorhanden wären. Was auch immer verwendet wurde, um das ursprüngliche Dokument zu erfassen: die Verantwortung sollte vom Eigentümer der Daten beibehalten werden. Wenn diese Dokumente verwendet werden, um Daten zu überwachen, können zertifizierte Kopien der Quelldokumente für eine Zeit lang akzeptiert werden. Dann sollten aber periodische Vergleiche zwischen den Originalen und den Kopien durchgeführt werden, um deren Vollständigkeit und Korrektheit zu überprüfen. Sollten Daten später geändert werden, dann müssen in einem Audit Trail die obligatorischen Angaben darüber aufgeführt werden, wer welche Änderung wann und warum durchgeführt hat.

4.2.5 Korrekt – Accurate

Ein wichtiger Faktor für die Sicherstellung der Datenintegrität ist die Korrektheit der Daten über den gesamten Lebenszyklus hinweg. Dies gilt sowohl für Daten, die von Menschen erhoben werden, als auch für jene Daten, die (teil)automatisiert erhoben werden. Wenn Daten von einem Instrument, Überwachungsgerät etc. erzeugt werden, sollten Maßnahmen implementiert sein, die sicherstellen, dass die Daten korrekt in das computergestützte System übertragen werden. Der Audit Trail sollte die Quelle der Daten, das Datum der Entstehung und alle Änderungen im Sinn eines Daten-Lebenszyklus komplett abbilden. Wenn Daten verarbeitet oder Kalkulationen durchgeführt werden, sollte die entsprechende Software validiert werden, um sicherzustellen, dass die Verarbeitung/Kalkulation immer korrekt durchgeführt wird, immer dieselben Ergebnisse für dieselben Rohdaten liefert und durchgehend unter Kontrolle ist (d. h. nur genehmigte Änderungen durchgeführt werden).

4.2.6 Vollständig – Complete

Kontrollaufzeichnungen sollten vollständige Daten aus allen Aktivitäten und/oder Tests beinhalten, um die Einhaltung der geltenden Normen und Standards zu gewährleisten. Vollständig heißt, dass die Daten mit allen ihren notwendigen Anteilen in ihrer Gesamtheit vorhanden sind. Es können Werkzeuge zur Anwendungen kommen, die über den gesamten Aufbewahrungszeitraum die Vollständigkeit der Daten gewährleisten (Schutz vor Datenverlust).

4.2.7 Konsistent – Consistent

Daten, die mit Bezug auf den Inhalt zusammen gehören und einen Prozesszustand zu einem bestimmten Zeitpunkt beschreiben, werden konsistente Daten genannt. Damit Daten konsistent sind, dürfen sie während der Verarbeitung, Übertragung oder kurz- oder langfristiger Verwahrung nicht verändert werden.

4.2.8 Dauerhaft – Enduring

Datensätze werden auf einem solchen Medium oder in einer Weise gespeichert, dass sie die gesamte Aufbewahrungsdauer über bestehen bleiben. Auf elektronischen Systemen unterliegen Daten und Metadaten einem kontrollierten und validierten Backup/Restore-Prozess. Datenspeicher werden eingerichtet und nach dem aktuellen Stand der Technik überwacht. Die Fähigkeit, Daten wiederherzustellen, wird regelmäßig verifiziert.

4.2.9 Verfügbar – Available

Die Daten stehen zu jeder Zeit während des Aufbewahrungszeitraums für die Analyse zur Verfügung. Die Analyse kann durch elektronische Systeme oder vom Menschen durchgeführt werden. Dafür können auch Daten in einem für Menschen lesbaren Format zur Verfügung gestellt werden. Recovery-Techniken und sichere Datenspeicher gewährleisten die Datenverfügbarkeit auch nach katastrophalen Ereignissen.

4.3 Übermittlung von Daten

Wie bereits mehrfach ausgeführt, sind bei Bewältigung einer Studie eine Vielzahl von Systemen im Einsatz. Von diesen müssen Daten ausgetauscht und weitergeleitet werden. Dabei darf aber der Charakter eines „closed systems" für die jeweiligen Systeme nicht gefährdet werden. Diese Komplexität legt nahe, für den Datenaustausch Standardtechniken und Standardschnittstellen in Anspruch zu nehmen. Als aktueller Standard wäre hier z. B. die XML-Technologie zu nennen. Nun ist es aber nicht damit getan, sich für Standards zu entscheiden. Beim Datentausch ist unbedingt darauf zu achten, dass die Datenintegrität gewahrt bleibt und unerwünschter Zugang zu den Daten während des Transfers sicher unterbunden wird. Damit die Daten in ihrer Bedeutung erhalten bleiben, umfasst die Datenmenge beim Transfer nicht nur die direkten Werte, sondern unbedingt auch alle zugehörigen Metadaten. Sind mit den Daten auch Entscheidungen, z. B. Freigaben im Sinne von Korrektheit der Daten, verknüpft, gehören die notwendigen Informationen zu einer elektronischen Unterschrift mit zur Übermittlung. Weiterhin umfasst der Datentransfer auch vorhandene Audit-Trail-Inhalte zu den jeweiligen Datenfeldern, damit im Zielsystem auch ausreichende Kenntnisse über die Historie des jeweiligen Datums vorliegen. Zum Schutz vor unerwünschtem Zugang zu den Daten während der Übermittlung bietet sich die Verschlüsselung der Daten an. Sicherheit gibt dann die Verwendung von Schlüsselzertifikaten, die nur dem Absender und dem Empfänger bekannt sind. Obwohl moderne Übertragungssysteme eine hohe Zuverlässigkeit erreicht haben, muss überprüft werden, ob die Daten auch komplett und unverändert das Zielsystem erreicht haben. Dies wird durch spezielle Überwachungstechniken, z. B. durch „Hashing", ermöglicht. Dabei wird zum Inhalt eines Datensatzes ein Kennwert ermittelt, das bei jeder Änderung – z. B. durch Verlust oder Manipulation im Datensatz – ungültig wird und so jede Änderung erkennen lässt. Nur wenn diese Überwachung die Unversehrtheit der Daten im Zielsystem signalisiert, darf mit den Daten weitergearbeitet werden.

Damit können Daten auch über unsichere und ungeschützte Netze, wie z. B. das Internet, übertragen werden. In Anlehnung an ein „closed system" bieten Standardtechnologien, Verschlüsselung und Hashing einen „closed channel" für die sichere und geschützte Übertragung hochsensibler Daten.

4.4 Anforderungen an die Datensicherheit

Wie ausgeführt, sind Daten für Ablauf und Erfolgsbewertung einer Studie maßgebend. Bedingt durch die Vielzahl zum Einsatz kommender Systeme erwächst aus der Forderung nach Datenintegrität die Notwendigkeit, das Niveau der allgemeinen IT-Sicherheit hoch zu halten. Dazu gehören:

- geschlossene Systeme
  Nach der Definition des 21 CFR Part 11 sind Systeme dann als geschlossen anzusehen, wenn der Zugriff auf die Daten durch die Personen kontrolliert wird, die für den Inhalt der Daten verantwortlich sind. Da die Datenintegrität ausschlaggebendes Kriterium für das Vertrauen in die Daten ist, sollten im Rahmen einer Studie ausschließlich geschlossene Systeme zum Einsatz kommen.
- klare Trennung von Systemnutzung und Administration
  Wie jede technische Einrichtung müssen IT-Systeme auch gewartet und überwacht werden. Bei IT-Systemen gilt dies auch besonders für die zum Einsatz gelangende Infrastruktur. Da systemseitige Tätigkeiten meist durch IT-Fachpersonal übernommen werden, das in den Studienablauf nicht involviert ist, empfiehlt sich hier die klare Trennung mit den Aufgaben der technischen Systembetreuung durch IT-Personal und der Nutzung des Systems durch die mit der Studie direkt befassten Personen.
- Datensicherung
  Elektronische Daten sind von der ordnungsgemäßen Funktion der genutzten IT-Systeme abhängig. Versagen diese, sind auch der Bestand der Daten und damit die Studie selbst gefährdet. Neben diesem technischen Risiko für die Daten besteht auch immer das Risiko, dass Daten willkürlich oder unbeabsichtigt gelöscht werden. Aus diesem Grund gehört es zu den Basisaufgaben beim Betrieb von IT-Systemen, die dort gespeicherten Daten regelmäßig zu sichern. Wenn keine Onlinesicherung möglich ist, sind Daten mindestens täg-

lich zu sichern. Datensicherung verlangt immer ein entsprechendes Datensicherungskonzept, welches die Sicherungsparameter und Sicherungszyklen aus Basis einer Risikobewertung festlegt.

- Schutz gegen Malware
  Sind Systeme mit dem Internet direkt oder über ein internes Netzwerk verbunden, besteht immer die Gefahr, dass über das Netzwerk Schadsoftware („Malware") auf den Rechner gelangt, wodurch sowohl die Systeme als auch die dort gespeicherten Daten und Informationen gefährdet werden. Eine gelebte IT-Sicherheit bedingt den Schutz der Systeme durch geeignete und ständig aktualisierte Schutzsoftware.
- Monitoring im Sinn von Überwachung der Systeme
  Wie bereits ausgeführt, gehört zu einem ordnungsgemäßen IT-Betrieb sowohl die Überwachung der eingesetzten Systeme auf Funktionalität, das frühzeitige Erkennen von Fehlern oder das Erreichen von Leistungsgrenzen als auch die Sicherstellung der Systemverfügbarkeit für die Nutzer. Dies beschränkt sich nicht nur auf die jeweiligen direkt genutzten IT-Systeme, sondern umfasst auch die Überwachung komplexer, multinationaler IT-Strukturen und -Netzwerke, ohne die kein globaler Datenaustausch möglich ist.

4.5 Anforderungen an die Certified/True Copy

Ursprünglich erfolgten Datenerfassung und Verarbeitung ausschließlich manuell mit Papier als Medium. Dazu mussten bei klinischen Studien große Mengen an Papier verwaltet, gelagert und ausgetauscht werden. Neben den logistischen Herausforderungen, dies zu bewältigen, bestand auch immer das Risiko des Verlusts von Unterlagen und damit das Risiko einer Gefährdung der Studie.

Mit dem Aufkommen einfacher elektronischer Geräte bot sich so die Chance, Daten elektronisch zu erfassen, zu verwalten und zu übermitteln. Inzwischen überwiegt die elektronische Datenverarbeitung und Archivierung. Es sind jedoch immer wieder noch Dokumente in Papierform vorhanden, die in die elektronische Verarbeitung integriert und die oft auch bei Entscheidungen mit herangezogen werden müssen. Ein wesentliches Hilfsmittel für die elektronische Erfassung von papiergebundenen Datensätzen ist das Einscannen von Papierdokumenten. Von diesen gescannten Dokumenten werden oft qualitätsrelevante Aussagen abgeleitet. Da das Originaldokument aber nicht immer überall verfügbar sein kann, müssen die gescannten Dokumente in Inhalt und Form alle Informationen des Originaldokuments enthalten. Hier haben sich im pharmazeutischen Umfeld die Begriffe der „true copy" (US) und „certified copy" (EU) etabliert, die im Allgemeinen auch mit einer „geprüften Kopie" gleichzusetzen sind. Es ist somit ein Prozess aufzusetzen und zu validieren, der sicherstellt, dass die Kopie sämtliche Informationselemente des Originals enthält und das elektronische Dokument durch qualifizierte Personen mit dem Original verglichen und formal freigegeben wird. Damit werden die elektronischen Dokumente zu „electronic records" im regulativen Sinne und unterliegen somit den einschlägigen rechtlichen Anforderungen.

Neben den Inhaltsinformationen eines Dokuments muss bei der Überprüfung auch besonders auf folgende Aspekte geachtet werden:

- Sind auf dem Original Ergänzungen/Änderungen oder Inhalte farbig dargestellt, muss die Farbinformation auch auf dem Scan identisch vorhanden sein.
- Der Scan muss die gesamte Seite inkl. etwaiger Fußnoten o. ä. umfassen.
- Es müssen bei Datensätzen, die aus mehreren Seiten bestehen, immer alle Seiten eingescannt und dem elektronischen Dokument zugeordnet werden.

- Kleine, schwache oder unscharfe Konturen dürfen beim Scannen nicht entfallen.
- Die Überprüfung umfasst nicht nur konkrete Daten, sondern auch nachträgliche Änderungen oder maschinell angebrachte Metadaten, wie z. B. Zeitstempel, Wasserzeichen.

Wird im Projekt entschieden, dass die gescannten Dokumente als Primärdokumente anzusehen sind und so Basis für qualitätsrelevante Entscheidungen werden, sind die Originale zu vernichten oder mit einer Kennzeichnung zu versehen, dass diese nicht mehr für Entscheidungen herangezogen werden dürfen (s. Eckpunktepapier: Digitale Archivierung papierbasierter Krankenakten von Studienpatienten [15]).

5. Prozess und Informationsfluss im GCP-Umfeld

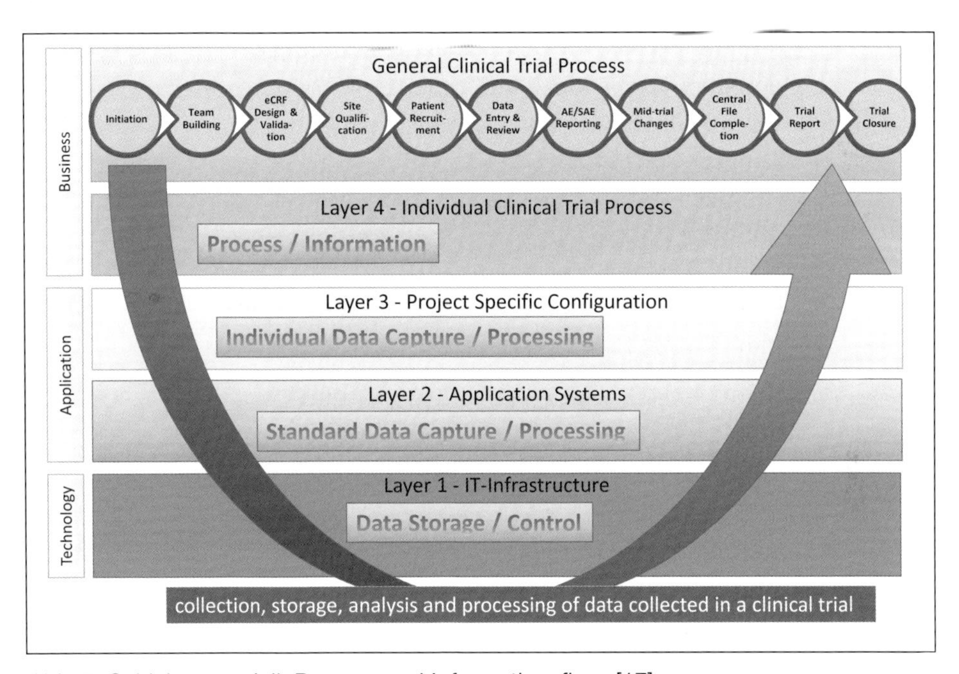

Abb. 7. Schichtenmodell, Prozess und Informationsfluss [17].

5.1 Kernprozesse und Relation zu Technologie und Datenfluss

Im Rahmen klinischer Prüfungen werden Daten erhoben, erfasst, übermittelt, verarbeitet, berichtet und archiviert. Unter Betrachtung des in Abb. 7 dargestellten Schichtenmodells wird erkennbar, dass der übergeordnete Prozess im Schichtenmodell i. d. R. ein Prozess ist, dem ein oder mehrere dieser datenbezogenen Schritte zuzuordnen sind. Da valide Daten im Kontext der klinischen Prüfungen die essenzielle Voraussetzung für eine korrekte Auswertung der Prüfung sind, ist der Fluss dieser Daten durch die einzelnen Prozessschritte und verschiedenen Systeme von besonderer Bedeutung. Folgt man dem Daten- und Informationsfluss durch die einzelnen Prozesse und Prozessschritte, lässt sich mittels Risikoanalysen feststellen, wo bei Validierungsaktivitäten besondere Aufmerksamkeit notwendig ist (kritische Prozessschritte, kritische IT-Systeme/Funktionen, Schnittstellen).

Um der Komplexität klinischer Prüfungen im Rahmen von Validierungs-/Qualifizierungsaktivitäten gerecht zu werden, ist eine Betrachtung der Kernprozesse der klinischen Prüfung und der sie unterstützenden Technologien anhand des Datenflusses hilfreich.

Im Folgenden sollen anhand eines typischen Kernprozesses (Umgang mit Serious Adverse Events – SAEs – schwerwiegende unerwünschte Ereignisse) die Vorteile der Betrachtung des Datenflusses im Kontext des Schichtenmodells dargestellt werden.

In sehr vereinfachter Form besteht der Prozess aus folgenden Schritten:

1. Erfassung und Bewertung (Kausalität) des (S)AE (Prüfer)
2. Erfassung und Bewertung des SAE (Sponsor)
3. ggf. Meldung (falls das SAE auch ein SUSAR ist) (Sponsor)
4. regemäßiger Review – kontinuierliche Überwachung/Signaldetektion (Sponsor)
5. Verarbeitung der Informationen im Jahresbericht (Sponsor)
6. Verarbeitung der Informationen im Studienbericht (Sponsor)

Die Abb. 8 soll diesen Prozess mit den wesentlichen Entscheidungen darstellen.

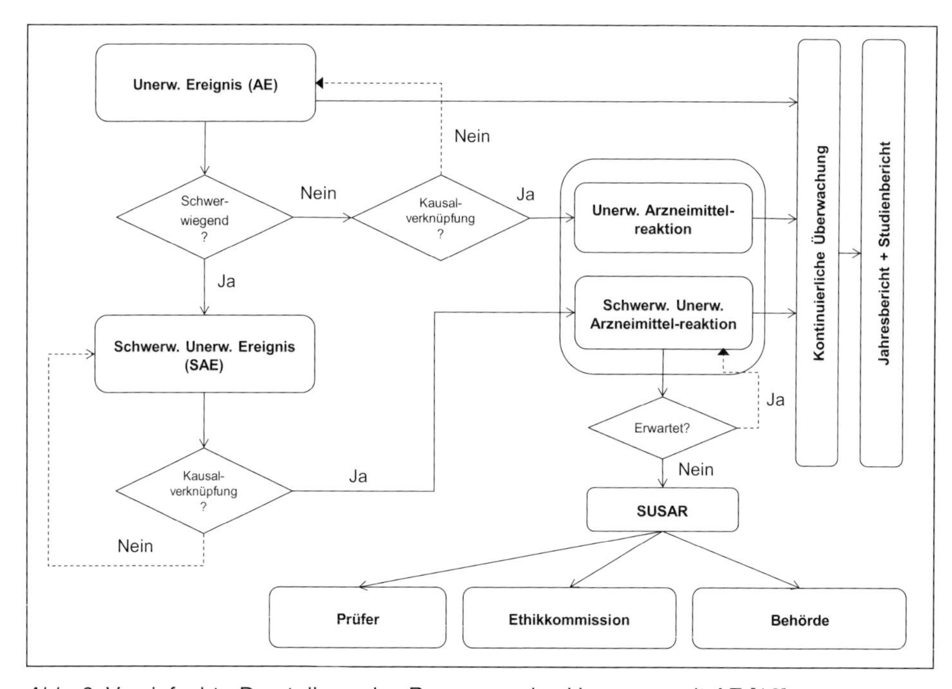

Abb. 8. Vereinfachte Darstellung des Prozesses des Umgangs mit AE [16].

Betrachtet man nun den in Abb. 8 abgebildeten Prozess im Kontext des Schichtenmodells, so befinden sich die einzelnen Schritte dieses Prozesses auf Ebene der Fachabteilung beim Sponsor, mit Schnittstellen zum Prüfer und zu den externen regulatorischen Überwachungsinstanzen (Behörden, Ethikkommissionen). Der Prozess bildet somit die oberste Schicht (Layer 4 und oberhalb) im Schichtenmodell ab.

Weitere Schnittstellen für diesen Prozess könnten Schnittstellen zum Datenmanagement oder externen Dienstleistern sein, die einzelne Prozessschritte unterstützen oder ganz übernehmen.

Auf der nächsten Ebene darunter (Ebenen 2 und 3) befinden sich die Softwaresysteme, die diesen Prozess unterstützen. Ein Beispiel wäre anhand des abgebildeten SAE/AE-Prozesses (Abb. 9) eine Software zur Erfassung der Informationen zu dem einzelnen unerwünschten Ereignisses in einem elektronischen Erfassungssystem, das vom Prüfer genutzt wird, um die Daten dem Sponsor zuzusenden. Ein solches System für die elektronische Datenerfassung (electronic data capture/remote data capture) ermöglicht die elektronische Abbildung von elektronischen Erfassungsbögen (electronic Case Report Forms, eCRF). Da sich jedoch die Daten, die in einer speziellen Prüfung erfasst werden, erheblich von denen in einer anderen Prüfung unterscheiden können, ist es notwendig, ein solches eCRF-Programm an die Erfordernisse der einzelnen Prüfung anzupassen, d. h. solche Systeme werden i. d. R. konfiguriert. In ihrer studienspezifischen Konfiguration befindet sich deshalb ein solches eCRF-Programm i. d. R. auf dem Layer 2 und Layer 3. Layer 3 beginnt dort, wo das eCRF-Programm studienspezifische Daten erfassen muss und deshalb angepasst wurde, während sich die Erfassung von Standarddaten ohne Anpassung des Programms im Layer 2 abbildet.

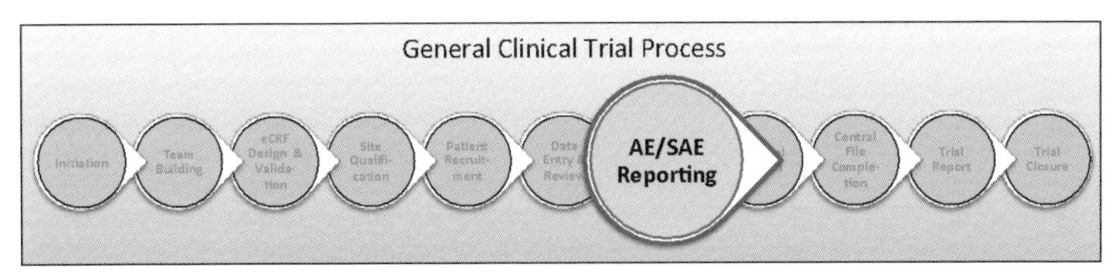

Abb. 9. AE/SAE-Reporting im Gesamtprozess.

Darunter, Layer 1, befindet sich schließlich die IT-Infrastruktur, auf der das eCRF-Programm ausgeführt wird und die Daten tatsächlich gespeichert werden.

Bemerkung

Je nach strategischer Ausrichtung von eCRF-Softwareherstellern verfolgen diese das Ziel, ihre Software entlang eines kontinuierlichen Verbesserungsprozesses zu modularisieren und sukzessive zu standardisieren. Das heißt, Funktionen, die von einer Vielzahl von Kunden genutzt werden, werden als Standardbausteine angeboten, die projekt-/studienspezifisch einzubinden sind. Der wesentliche Vorteil liegt darin, dass der Konfigurations- und der damit einhergehende Validierungssaufwand für die Verwendung dieser Bausteine beim Kunden reduziert oder sogar ausgesetzt werden kann. Beim Kunden reduziert heißt im einfachsten Falle, lediglich die genutzten Standardbausteine, d. h. die Konfigurations-„baseline“, aufzuführen und unter Versionskontrolle zu halten.

5.2 Datenfluss

Der Datenfluss folgt dem Geschäftsprozess durch die verschiedenen Schichten des Schichtenmodells. Im konkreten Fall des oben abgebildeten SAE/AE-Prozesses beginnt der Datenfluss mit der Erhebung der Daten zu einem unerwünschten Ereignis durch den Prüfer. Die Daten werden im Fall der Anwendung eines eCRF-Programms erfasst und an den Sponsor übermittelt. Die erfassten Daten werden in die Studiendatenbank eingespeist. In der Regel werden die Daten ebenfalls in eine getrennte Safety-Datenbank, d. h. eine Datenbank, die ausschließlich für Pharmakovigilanzzwecke genutzt wird, eingespeist (automatisch oder manuell). Die Daten fließen an dieser Stelle in ein zweites IT-System und werden bearbeitet. In der Regel kann aus dieser Safety-Datenbank heraus dann zum einen die elektronische Meldung an Behörden, Ethikkommissionen und Prüfer unterstützt werden; des Weiteren dient diese Datenbank dann den Abfragen für die kontinuierliche Sicherheitsüberwachung und schließlich noch dem Aufarbeiten der Sicherheitsdaten für die jährlichen Sicherheitsberichte und den Studienabschlussbericht. Nachdem die Daten also dieses System durchlaufen haben, finden sie in Berichten Eingang. Prozesse wie die Erstellung von jährlichen Berichten und Studienabschlussberichten werden i. d. R. als eigenständige Prozesse geregelt; dennoch münden die Daten aus dem abgebildeten SAE/AE-Prozess in diese weiteren Prozesse.

Parallelprozesse, wie z. B. der Datenabgleich zwischen der Studiendatenbank und der Safety-Datenbank oder die Klärung von Fragen in Bezug auf die vom Prüfer eingegebenen Fragen über einen Query-Prozess, sind ebenfalls auf dem Layer 4 zu finden und bilden wichtige Schnittstellen zum SAE/AE-Prozess (Abb. 9).

Durch die Betrachtung des Datenflusses werden die für die Datenintegrität wichtigen Prozesse, Prozessschnittstellen und Systeme (evtl. mit Systemschnittstellen) deutlich. So ist es besonders wichtig, dass die vom Prüfer im eCRF-Programm erfassten Daten unverändert beim Sponsor ankommen und in die Studiendatenbank eingepflegt werden; gleichzeitig müssen diese Daten auch dem Team für den eigentlichen SAE/AE-Prozess zur Verfügung stehen. Wenn sich Änderungen an den Daten ergeben, muss gewährleistet sein, dass diese Änderungen (mit entsprechendem Zeitstempel und Autorenangabe) in allen relevanten Systemen entsprechend ebenfalls geändert werden. Speziell an Schnittstellen besteht häufig ein erhöhtes Risiko für Datenverlust oder Datenänderungen mit entsprechender Gefährdung der Datenintegrität.

Verfolgt man den Datenfluss durch die einzelnen Prozessschritte und Systeme, lassen sich die kritischen Punkte in diesen Prozess zügig aufzeigen, sodass hier risikominimierende Maßnahmen ergriffen werden können. Im weitesten Sinne sind diese Maßnahmen auf Ebene 4 als Validierungsmaßnahmen, auf den Ebenen 1–3 als Qualifizierungsmaßnahmen zusammenzufassen.

6. Software im GCP-Umfeld

6.1 Überblick und Relation zu den Kernprozessen

So vielfältig wie die Prozesse in klinischen Prüfungen sind, so gibt es ebenso viele verschiedene Softwaretools und Systeme, die diese unterstützen können.

Im Bereich des Projektmanagements für klinische Prüfungen kommen Clinical-Trial-Management-Systeme (CTMS) zur Anwendung, die die Planung, Initiierung, Durchführung und Überwachung und den Abschluss der Prüfungen aus administrativer Sicht unterstützen. Daran gekoppelt sind häufig Dokumentenmanagementsysteme. So werden mit solchen Systemen z. B. die Dokumente für die Genehmigung der Studie oder für die Qualifizierung einzelner Prüfzentren inklusive dem Vertragswesen verwaltet. Über solche Systeme können Dienstleister und Lieferanten verwaltet werden, die in den Studienbetrieb eingebunden sind. Auch essenzielle Dokumente, die in den Trial Master File (TMF) abgelegt werden, können hierüber verwaltet werden.

Im Bereich des Trainings, d. h. der Qualifizierung von Personalressourcen, kommen Systeme zum Einsatz, die die Planung, Abwicklung und Archivierung von

Schulungsunterlagen und Schulungsnachweisen unterstützen. Diese werden bei Inspektionen häufig eingesehen und müssen jederzeit vorzulegen sein. Solche Learning-Management-Systeme sind i. d. R. ebenfalls an Dokumentenmanagementsysteme gekoppelt oder haben dies bereits integriert.

Bei der Datenerfassung durch Prüfzentren im Verlauf der klinischen Prüfung kommen sehr häufig Systeme für die elektronische Datenerfassung zum Einsatz, sog. Electronic Data Capture Systeme in Form von eCRF-Programmen, die die Dateneingabe in die Studiendatenbank über eine Weboberfläche erlauben. Diese Softwaretools werden für die Bedürfnisse der individuellen Prüfung konfiguriert und müssen deshalb in ihrer Ausprägung für eine einzelne Prüfung erneut qualifiziert werden.

Die Datenerfassung resultiert in der Einspeisung der Daten in die Studiendatenbank, die ebenfalls qualifiziert werden muss.

Parallel dazu erfolgt eine Verarbeitung von bestimmten Datensätzen über unerwünschte Ereignisse i. d. R. in einem getrennten System, damit entblindete Daten zur Sicherheit im Rahmen der klinischen Prüfung kontinuierlich überwacht und ggf. gemeldet werden können. Hierzu kommen getrennte Tools wie Pharmakovigilanzsoftware zum Einsatz, die z. T. auch eine Meldefunktion besitzt und die elektronische Meldung von Nebenwirkungen aus der klinische Prüfung an die zuständigen Instanzen abwickeln kann.

Bei der Überwachung der klinischen Prüfung kommen zunehmend Systeme zur Anwendung, die ein risikobasiertes Monitoring unterstützen, d. h., über Auswertungen von Kennzahlen und verschiedenen Parametern werden die Prüfzentren überwacht, um dann gezielt die Prüfzentren mit Problemen durch einen klinischen Monitor vor Ort betreuen zu lassen.

Da bei klinischen Prüfungen die Prüfpräparate ebenfalls den GMP/GDP-Anforderungen und den jeweils gültigen Herstellungsanforderungen für Arzneimittel entsprechen müssen, müssen Anforderungen an die Etikettierung, Verpackung und Distribution beachtet werden. Für diese Prozesse kommen somit u. a. Systeme zur Anwendung, die auch sonst im Bereich der Arzneimittelherstellung die Qualität dieser Prozesse überwachen und die Dokumentation unterstützen. Bei sehr empfindlichen Prüfpräparaten kann es z. B. sein, dass ein Nachverfolgungssystem zum Einsatz kommt, um die korrekte Lagerung des Prüfpräparats in der Distributionskette zu überwachen.

Bei der Verteilung des Prüfpräparats an die Prüfzentren kommen häufig Systeme zur automatisierten Randomisierung von Prüfungsteilnehmern zur Anwendung, die nach dem Zufallsprinzip die Teilnehmer den verschiedenen Prüfungsarmen (und der damit verbundenen Behandlung) zuordnen. Solche Randomisierungssysteme werden per Telefon oder auch internetgestützt angeboten (Interactive Voice/Web Response Systems).

Die im Rahmen der Studienabwicklung generierte Dokumentation muss archiviert werden, sodass sie innerhalb der rechtlichen Fristen vorgehalten wird. So kommen häufig elektronische Archivierungssysteme zum Einsatz, die einerseits digitale Dokumente direkt archivieren, andererseits digitalisierte Papierdokumente ebenfalls aufnehmen und archivieren.

Die oben genannten Systeme sind Beispiele für Systeme, die im GCP-Bereich angewendet werden. Wie bereits erwähnt, lässt sich die Qualifizierung dieser Systeme am besten durch eine Betrachtung der unterstützten Prozesse erreichen.

6.2 Bezug zum Schichtenmodell

Wie bereits im Kap. 5, S. 121ff erwähnt, befinden sich die Tools und Systeme, die klinische Prüfungen unterstützen, im Schichtenmodell auf den Ebenen 1–3. Die Einbettung in das Schichtenmodell bietet den Vorteil, dass diese Systeme nicht in einem Vakuum existieren, sondern immer im Kontext des Geschäftsprozesses auf Ebene 4 zu sehen und damit erst als vollständiges computergestütztes System anzusehen sind. Diese Betrachtungsweise hat den Vorteil, dass die Planung von Qualifizierungsaktivitäten stärker auf die wesentlichen Aspekte fokussiert werden kann. So können z. B. Softwarefunktionen, die im Geschäftsprozess nicht zur Anwendung kommen, von der Qualifizierung ausgenommen werden, womit sich der Aufwand für die Qualifizierung reduzieren lässt.

7. IT-Infrastrukturen von GCP-relevanten Systemen

Grundsätzlich gilt, dass sich die Anforderungen an IT-Infrastrukturen in computergestützten GCP-Systemen im Wesentlichen nicht von denen anderer GxP-relevanter Systeme unterscheiden.

IT-Infrastrukturen bestehen, wie alle technischen Systeme, aus einer Reihe von Komponenten, die wiederum auch wieder aus mehreren Elementen aufgebaut sein können. Der Anwender hat üblicherweise nur Zugang zu der jeweiligen Applikation, die zugehörigen anderen Komponenten des Systems sind ihm nicht zugänglich. Ein IT-System besteht, ausgehend von der Hardware, aus einzelnen Funktionsschichten, die aufeinander aufbauen und so in ihrer Gesamtheit die Funktion der Applikation(en) erst erlauben.

Die einzelnen Schichten stellen Bausteine (auch Building Blocks genannt) dar, die in sich autonom arbeiten und mit den darüber und darunterliegenden Schichten mit klar definierten Ein-/Ausgabedaten kommunizieren. Ein Building Block ist daher eine in sich geschlossene Einheit mit klar definierten Aufgaben und Schnittstellen (Bemerkung: das Bausteinprinzip ist ein generisches Konzept und nicht auf die Anwendung in der IT-Infrastruktur begrenzt). Im Folgenden werden die Funktionsschichten näher beschrieben.

Hardware

Die Hardware beinhaltet alle Elemente, die ein IT-System physikalisch ausmachen, dazu gehören u. a. elektronische Bauteile, mechanische Komponenten, Bildschirme, Tastaturen, Bediengeräte, interne Verkabelungen, Steckeranschlüsse zum Anschluss externer Komponenten etc. Viele Komponenten enthalten logische Schaltungen, deren Funktion erst durch Softwareelemente gegeben ist, die den logischen Ablauf innerhalb der Komponente bestimmen. Diese Software, auch Firmware genannt, ist normalerweise fest innerhalb der Komponente enthalten und nicht ohne Weiteres änderbar.

Betriebssystem

Ein Betriebssystem verknüpft die Hardwarekomponenten zu einem Datenverarbeitungssystem und stellt darüber hinaus Basisfunktionen für eine Benutzerverwaltung, für einfache Systemdienste und für Kommunikation über Netzwerke hinweg zur Verfügung. Bekannte Betriebssysteme sind Microsoft Windows, Apple iOS oder die verschiedenen UNIX.

Varianten

Typische Building Blocks im Bereich Hardware/Betriebssysteme sind daher z. B. Personal Computer, Server, Speichersysteme, Mobiltelefone, Tablets, Drucker etc.

Netzwerk

Wesentlich für den Erfolg der IT-Systeme ist ihre Fähigkeit, mit anderen Systemen zu kommunizieren und so Daten auszutauschen. Dies setzt jedoch voraus, dass die Systeme physikalisch verbunden sind und standardisierte Kommunikationsprotokolle und Schnittstellen genutzt werden. Wesentlich hierfür ist besonders die weltweit eindeutige Kennzeichnung jedes einzelnen Systems, welches in ein Kommunikationsnetzwerk eingebunden ist. Neben verschiedenen Spezialnetzwerken im prozesstechnischen Bereich wäre hier das Internet als das globale Hauptkommunikationsnetzwerk zu nennen. Die Internetstandards und -techniken haben sich seit Jahrzehnten bewährt und bilden daher auch die Basis fast aller firmeninternen Netzwerke. Für die Kommunikation innerhalb der Netzwerke sorgen spezielle Netzwerkrechner (Router, Switche etc.), die die Datenströme entsprechend den geforderten Zielsystemen zuleiten. Dazu lesen sie die Zieladresse am Anfang der jeweiligen Datenpakete und steuern ähnlich einem Stellwerk bei der Eisenbahn die Daten durch das Labyrinth der Verbindungen zum gewünschten Ziel.

Dienstprogramme

IT-Systeme müssen in ihrem täglichen Betrieb überwacht werden. Dazu zählt besonders die Überwachung der notwendigen Netzwerkverbindungen innerhalb und außerhalb des eigenen Netzes, die Überwachung der einzelnen Systeme auf Systemparameter wie Auslastung, Speichernutzung, Speicherverfügbarkeit etc. Darüber hinaus werden in IT-Systemen Daten abgelegt und gespeichert. Diese Daten dienen u. a. betriebswirtschaftlichen, kapazitätssteuernden, qualitätssichernden und dokumentarischen Zwecken. Ein Verlust oder eine Verfälschung kann bei pharmazeutisch relevanten Daten sowohl die Produktqualität als besonders auch die Patientensicherheit gefährden. Daher sind Dienstprogramme im Einsatz, die sowohl eine Datensicherung als auch das Wiederherstellen der Daten zuverlässig gewährleisten. Diese Programme wirken meist auf komplette Speicherareale und sichern unabhängig vom Inhalt der einzelnen Datenelemente. Zu den Dienstprogrammen sind auch die Anwendungen zu zählen, die eine zentrale Benutzerverwaltung und -steuerung in einem Netzwerk über eine Vielzahl von Einzelsystemen erlauben.

Datenbankkernel

Moderne Applikationen sind überwiegend datenbankorientiert. Dies bedeutet, dass diese Systeme in Datenbanken die jeweiligen Anwendungsdaten ablegen, recherchieren und selektieren. Heute sind überwiegend relationale Datenbanken im Einsatz. Ein Datenbankkernel stellt die Funktionalitäten einer Datenbank, unabhängig von der einzelnen Nutzung in der jeweiligen Anwendung zur Verfügung. Dazu gehören sowohl die Verwaltungsfunktionen als auch standardisierte Befehlsbibliotheken zum Arbeiten mit der Datenbank. Diese Datenbankkernel werden durch die jeweiligen Systemverantwortlichen installiert und betreut.

Jede der beschriebenen Schichten kann autonom bereitgestellt und qualifiziert werden (Plattformgedanke). So wird häufig Hardware und Betriebssystem als ein Baustein qualifiziert bereitgestellt. Dies bedeutet dann, dass ein PC oder ein Server als Standardgerät installiert und qualifiziert aufgebaut wird, ohne bereits die Applikationen zu kennen, die dort betrieben werden sollen. Ein weiterer Baustein wäre dann die Ausstattung dieses Standardgerätes mit den notwendigen, vorqualifizierten Bausteinen für einen Netzwerkeinsatz und/oder mit qualifizierten Dienstprogrammen bzw. Datenbanken. All diese sind entsprechend ihres vordefinierten Funktionsumfanges qualifiziert.

Aus den technischen Anforderungen der Applikation an die zum Einsatz kommende Systemumgebung ergibt sich dann, welche Bausteine ausgewählt werden müssen, damit die Applikation funktionieren kann. Basis für eine Implementierung der jeweiligen Applikation ist dann die Überprüfung, ob alle Bausteine ausreichend qualifiziert sind und ein Verifikationsnachweis, dass die einzelnen Bausteine anforderungsgemäß zusammenarbeiten. In diesem Sinn stellt das zum Einsatz kommende System für die Applikation eine „Black Box“ dar, die als qualifiziert angesehen wird und nicht nochmal detailliert zu untersuchen ist.

8. Fazit

Die rasante technologische Entwicklung in den letzten Jahren hat im erheblichen Maß dazu beigetragen, dass computergestützte Systeme und eine ganze Palette mobiler Endgeräte in die klinische Forschungspraxis Einzug gehalten haben. Da diese Entwicklung häufig der legislativ-regulatorischen Einbettung zunächst um Jahre voraus war, ist es verständlich, dass in der Vergangenheit das Augenmerk von Inspektoren i. d. R. zunächst v. a. den manuellen und organisatorischen Prozessen bzw. der Dokumentation galt. Jedoch zeichnet sich hier seit einiger Zeit eine Trendwende ab: Inspektoren haben zunehmend fundiertes Wissen zu Themen rund um computergestützte Systeme und deren Validierung. Auf EU- und nationaler Ebene werden zu diesem Thema inzwischen Trainingsworkshops für Inspektoren veranstaltet und anhand der Inspektionsberichte lässt sich der Eindruck bestätigen, dass auch Inspektoren gezielt in die Welt der Validierung von computergestützten System und Datenintegrität eintauchen und nachhaken. Da der Trend zur weiteren Technologisierung der Prozesse in klinischen Prüfungen nicht abnehmen, sondern eher zunehmen wird und immer größere, komplexere und global vernetzte Systeme zum Einsatz kommen, die ein zunehmend erweitertes und komplexeres Anwendungsspektrum abdecken, ist zu erwarten, dass hier die Inspektionsaktivitäten ebenfalls fokussierter und noch intensiver werden könnten. Es bleibt zu hoffen, dass mit zunehmendem Wissen seitens der Behörden auch Klarheit zu Standards, Vorgehensweisen und Vorgaben für Validierungsaktivitäten und Anforderungen zur Datenintegrität in diesem Bereich folgen werden.

Ein weiteres Zukunftsthema, das ebenfalls den Bereich der klinischen Forschung tangieren könnte, ist die zunehmende Nutzung und Vernetzung von sog. Electronic Health Records (EHR) bzw. der elektronischen Patientenakte. Angesichts der Tatsache, dass die darin enthaltenen Daten bereits jetzt als Quelldaten für klinische Prüfungen genutzt werden, sind technologische Schnittstellen für den Transfer von Daten aus diesen Quellen sicherlich von Interesse. Gleichzeitig stellt sich dann die Frage der Standardisierung der Schnittstellen und der Daten selbst (z. B. über die Nutzung von international festgelegten Kodierungen). Das Thema der Validierung der EHR-Systeme und der -Schnittstellen wird dann zunehmend diskutiert werden müssen.

Die Erschließung riesiger Datenmengen über die EHR, aber auch über die klassische Datenerhebung stellt eine Herausforderung für deren Analyse und Weiterverwertung dar. Die zunehmenden IT-Kapazitäten machen diese Auswertung für unterschiedliche Zwecke möglich. Damit gewinnen die Originaldaten (Rohdaten) immer höhere Wichtigkeit. Diese können mitunter weit verstreut in globalen Systemen, außerhalb der direkten Unternehmenskontrolle, erhoben und abgelegt/gespeichert werden. Genauso steigen die Anforderungen an ihre Verlässlichkeit und Integrität. Wie schon im Umfeld der pharmazeutischen Produktion sind auch hier die Daten essenziell zur Beurteilung einer potenziellen Patientengefährdung und werden so zunehmend im Fokus der Überwachungsbehörden stehen. Der Spagat zwischen Explosion der Datenmengen, der globalen Erhebung und der zuverlässigen Qualität der Daten bedingt die Validierung der beteiligten computergestützten Systeme und die Kontrolle der darin gespeicherten Daten.

Um diesen komplexen Systemen zukünftig angemessen Herr zu werden, muss sich auf oberster Unternehmensebene eine Qualitätskultur etablieren, die gewährleistet, dass Ressourcen für den Umgang mit diesem Thema bereitgestellt werden. Hier sind nämlich breite und tiefe Kenntnisse der jeweiligen Unternehmensprozesse, gepaart mit gutem Qualitäts- und Risikomanagement und angemessen geschulten Mitarbeitern, von essenzieller Bedeutung, da hierdurch erst der kontrollierte Technologieeinsatz zur Bewältigung der komplexen Herausforderungen möglich wird. Ziel wird es sein, die eingesetzten Technologien mit einer angemessenen Strategie, Systematik und Methodik zu beherrschen, damit deren Einsatz zweckdienlich, in Übereinstimmung mit den regulatorischen Anforderungen bei effizientem Ressourceneinsatz erfolgen kann.

Literatur

[1] AMG § 4, Abs. 23.

[2] Vgl. Herschel, M. Das KliFo-Buch, Praxisbuch klinische Forschung. Stuttgart: Schattauer Verlag; 2009. S. 3ff.

[3] Vgl. AMG § 25 Abs. 2 Nr. 3.

[4] History of ICH. http://www.ich.org/about/history.html letzter Zugriff: 10.3.2015.

[5] Vgl. Verordnung (EU) Nr. 536/2014 des Europäischen Parlaments und des Rates. In: Amtsblatt der Europäischen Union [L158/1] vom 27.05.2014.

[6] http://www.ich.org/products/guidelines/efficacy/article/efficacy-guidelines.html letzter Zugriff: 10.3.2015.

[7] Verordnung über die Anwendung der Guten Herstellungspraxis bei der Herstellung von Arzneimitteln und Wirkstoffen und über die Anwendung der Guten fachlichen Praxis bei der Herstellung von Produktenmenschlicher Herkunft (Arzneimittel- und Wirkstoffherstellungsverordnung – AMWHV). http://www.gesetze-im-internet.de/bundesrecht/amwhv/gesamt.pdf letzter Zugriff: 10.3.2015.

[8] EudraLex The Rules Governing Medicinal Products in the European Union, Volume 4, Good Manufacturing Practice, Medicinal Products for Human and Veterinary Use. http://ec.europa.eu/health/files/eudralex/vol-4/annex11_01-2011_en.pdf letzter Zugriff: 10.3.2015.

[9] CFR – Code of Federal Regulations Title 21. http://www.accessdata.fda.gov/scripts/cdrh/cfdocs/cfCFR/CFRSearch.cfm?CFRPart=11&showFR=1 letzter Zugriff: 10.3.2015.

[10] Validation and Data Integrity in eClinical Platforms. ISPE GAMP® COP; Juni 2014.

[11] The Application of GAMP® 5 to the Implementation and Operation of a GxP Compliant Clinical System, International Society for Pharmaceutical Engineering (ISPE), ISPE GAMP® COP; September 2013, www.ispe.org.

[12] Mitchel J, You J, Lau A et al. Paper Versus Web; A Tale of Three Trials. Applied Clinical Trials 2000;9(8):34-35.

[13] Mitchel J, You J, Kim YJ et al. Internet-based clinical Trials – practical considerations. Pharmaceutical Development and Regulations 2003;1:29–39.

[14] PIC/S Good Practices for Computerised Systems in regulated GxP environments (Guidance PI 011-3); 2007. Available on www.picscheme.org/publication.php. Letzter Zugriff: 21.12.2014.

[15] Koh C et al. Digitale Archivierung papierbasierter Krankenakten von Studienpatienten – Eckpunktepapier des KKSN, der GMDS und der TMF unter Mitwirkung des BfArM und der Landesüberwachungsbehörde Nordrhein-Westfalen. GMS Medizinische Informatik, Biometrie und Epidemiologie 2013;9(3). http://www.egms.de/static/pdf/journals/mibe/2013-9/mibe000138.pdf letzter Zugriff: 10.3.2015.

[16] Medicines and Healthcare products Regulatory Agency. Good Clinical Practice Guide, London; 2012: S. 140.

[17] ISPE GAMP® 5: A Risk-Based Approach to Compliant GxP Computerized Systems, International Society for Pharmaceutical Engineering (ISPE), Fifth Edition, February 2008, www.ispe.org.

[18] Auszug aus einem internen Papier der SIG.

Danksagung: Der Autor bedankt sich bei Frau Dr. Christa Färber (GMP/GCP-Inspektorin, Staatliches Gewerbeaufsichtsamt Hannover) für zahlreiche inhaltliche Anregungen und fachliches Lektorat.

Korrespondenz: Oliver Herrmann, Q-FINITY Qualitätsmanagement, Wallerfanger Straße 27, 66763 Dillingen, E-Mail: oliverherrmann@q-finity.de

Kunden-Lieferanten-Beziehungen gemäß GAMP® 5: aus Sicht der Lieferanten und Pharmaindustrie

Dr. Dirk Spingat
Bayer Pharma AG,
Wuppertal

Maik Guttzeit
GEA Lyophil GmbH,
Hürth

Zusammenfassung

In manchen Lebenslagen ist eine Entscheidung, welche für das ganze Leben getroffen wird, eine Tugend. Auch dass diese hauptsächlich durch das Bauchgefühl oder das Herz getroffen wird, ist allgemein anerkannt. Für komplexere GMP-Projekte sollte diese Vorgehensweise nicht angewendet werden.
Die Kunden-Lieferanten-Beziehungen sind häufig vielschichtig. Eine intensive Betrachtung der jeweiligen Kontributionsmöglichkeiten innerhalb eines Projekts kann dazu führen, dass jeweils der geeignetste Fachexperte die Tätigkeiten durchführt und somit das Gesamtrisiko minimiert.
Der hier vorgestellte Ansatz für dokumentierte dynamische Arbeitsteilung möchte zum einen betonen, wie wichtig es ist, dass die Entscheidungsfindung plastisch ist, also dokumentiert dargestellt wird, warum die Verantwortlichkeiten genauso verteilt worden sind. Zum anderen ermöglicht dieser Ansatz, flexibel auf sich in der Projektphase ändernde Situationen einzugehen, bei denen sich Verantwortlichkeiten verschieben können oder müssen.

Abstract

Customer/Supplier Relation following GAMP® 5 – a View from Supplier and Pharmaceutical Industry Perspective
Under some circumstances it is a virtue to make decisions for a life time. For these decisions it is well accepted that they are mostly driven by gut feeling. This procedure should not be used for complex GMP projects.
The customer/supplier relationship is multilayered, usually. An intensive analysis of the particular options of contribution within a project should lead to the situation that the most eligible expert is assigned to a specific task – irrespective of the question whether the expert is coming out of the organization of the supplier or of the customer. This approach will help to reduce the overall project risk.
The following article describes an approach for dynamic division of work between supplier and customer. The decision making process should be reasonable and documented. It is inherent to the nature of projects that a defined division of work between supplier and customer could become a matter of change during the project life time. The described approach is flexible enough to support such a change, too.

Key words Gute Herstellungspraxis · GAMP® 5 · Kunden-Lieferanten-Beziehung · Projektmanagement · Risikomanagement

1. Einleitung

Die Kunden-Lieferanten-Beziehungen der pharmazeutischen Industrie sind facettenreich. Zum einen bedient die pharmazeutische Industrie als Produktlieferant Apotheker, Krankenhäuser, Großhändler sowie andere pharmazeutische Unternehmen. Zum anderen ist sie selbst Kunde von Lieferanten für Rohstoffe, Verpackungsmaterialien, Versorgungsmedien, Ausrüstungen, Sach- und Dienstleistungen. Der vorliegende Beitrag beschäftigt sich mit einem Teilbereich dieses komplexen Konglomerats: der Beziehung zwischen der pharmazeutischen Industrie als Kunde von Lieferanten von computergestützten Systemen nach GAMP® 5 [1]. Dabei versteht GAMP® 5 unter einem computergestützten System nicht nur die Kombination aus Hard- und Software – dies ist das Computersystem –, sondern zusätzlich die zum Betrieb notwendigen Komponenten wie Anweisungen, Schulungsunterlagen sowie ggf. die Ausrüstung, die durch das Computersystem gesteuert wird.

Dieser Artikel ist daher auf alle Komponenten der Informationstechnologie im GxP-regulierten Bereich anwendbar, wie z. B.:

- Enterprise-Resource-Planning(ERP)- und Customer-Relationship-Management(CRM)-Systeme
- Manufacturing Execution Systems (MES) und Laboratory Information and Management Systems (LIMS)
- Prozessleitsysteme
- Dokumentenmanagementsysteme
- Werkzeuge zur intelligenten Datenauswertung (Business Intelligence)
- eingebaute Computersysteme zur Steuerung pharmazeutischer Ausrüstung (Wirbelschichtgranulator, Gefriertrockner, HPLC etc.)
- Basisinfrastruktur (PCs, Server, Netzwerke etc.)

Nun feierte der *"Good Automated Manufacturing Practice Supplier Guide for Validation of Automated Systems in Pharmaceutical Manufacture"* bereits seinen 20. Geburtstag. Seine aktuelle Ausgabe, der GAMP® 5, geht in das achte Jahr. Warum also jetzt eine Abhandlung zu diesem Thema? In den zurückliegenden Jahren hat sich GAMP® als der weltweite Standard für den GxP-konformen Einsatz von computergestützten Systemen in der pharmazeutischen Industrie etabliert. Dabei hat sich über die Jahre die GAMP®-Sicht auf die Zusammenarbeit mit den Lieferanten massiv gewandelt. In den Anfängen war GAMP® ein Vorgabedokument für den Lieferanten, das er einzuhalten hatte, damit seine Produkte später vom pharmazeutischen Unternehmen validiert werden konnten. Mit GAMP® 3 kam es zu einer starren Teilung von Validierungsaufgaben zwischen Lieferanten und pharmazeutischen Unternehmen – versinnbildlicht durch eine Zweiteilung des GAMP® 3 (ein Teil für den Lieferanten und ein Teil für das pharmazeutische Unternehmen). GAMP® 5 empfiehlt nun die risikobasierte, möglichst umfassende Übernahme von Lieferantenaktivitäten in die Validierung des pharmazeutischen Unternehmens. Dieser Ansatz kann die Qualität der durchgeführten Einzelmaßnahmen erhöhen und zugleich das Wiederholen von Maßnahmen durch Lieferanten und pharmazeutischem Unternehmen verhindern. Der vorliegende Artikel beschreibt eine dokumentierte, dynamische Arbeitsteilung zwischen Lieferanten und regulierten Unternehmen – eine Möglichkeit zur Verbesserung der Patienten- und Anlagensicherheit durch eine qualitativ bessere Validierung bei gleichzeitiger Kosten- und Zeitreduktion.

2. Basis der gemeinsamen Aufgabenteilung

GAMP® 5 klassifiziert Software in vier Kategorien:

Kategorie 1: Infrastruktursoftware

Kategorie 2: die frühere Kategorie 2 wird im GAMP® 5 nicht mehr verwendet

Kategorie 3: nicht konfigurierbare Software

Kategorie 4: konfigurierbare Software

Kategorie 5: individuell entwickelte Software

Dabei nimmt der Aufwand für Spezifikation und Verifizierung mit ansteigender Kategorie zu. In der klassischen Aufgabenteilung zwischen Lieferanten und pharmazeutischen Unternehmen ist der Lieferant für „die Technik“, also für das konfigurierbare Produkt und die Konfiguration zuständig, während das pharmazeutische Unternehmen die Spezifikation und die Verifizierung durchführt. Hieraus ergibt sich dann die Anwendbarkeit des Qualitätssicherungssystems des Lieferanten für „seinen Teil“ und die Arbeitsanweisungen des pharmazeutischen Unternehmens für den Rest. Dabei trägt das pharmazeutische Unternehmen die Verantwortung dafür, dass sich beide Qualitätssicherungssysteme zu einem vernünftigen und vollständigen Ganzen ergänzen. Dieser Verantwortung sollte das pharmazeutische Unternehmen durch eine angemessene Lieferantenbewertung nachkommen, die Bestandteil des Auswahlprozesses sein könnte.

Die Entscheidung, wer im Rahmen eines Projekts eine bestimmte Teilverantwortung übernimmt, musste immer schon getroffen werden. In der Regel erfolgt dies zu Projektstart durch die Projektverantwortlichen. Die eigenen Aufgaben werden festgelegt und die durch den Lieferanten durchzuführenden Tätigkeiten in den Spezifikationen oder vertraglichen Dokumenten fixiert und üblicherweise an mehrere potenzielle Lieferanten gesendet. Der Lieferant, welcher nach Abwägung der Einflussfaktoren (z. B. Preis, Lieferzeit, technische Ausführung, positive Vorerfahrungen) am Ende den Zuschlag erhält, hat den gleichen Lieferumfang wie seine Mitbewerber. Einzelne Stärken und Schwächen können zwar eine Rolle bei der Vergabe spielen, aber der Projektumfang wird davon i. d. R. nicht beeinflusst.

Durch den risikobasierten Ansatz des GAMP® 5 bietet die Lieferantenbewertung allerdings weitaus größere Möglichkeiten. Hierdurch erkennt das pharmazeutische Unternehmen die spezifischen Kompetenzen eines Lieferanten für Aufgaben gemäß V-Modell. Dadurch können Aufgaben kontrolliert an den Lieferanten vergeben werden. Im Normalfall wird sich diese Aufgabenerweiterung von unten nach oben entwickeln. Hat der Lieferant bereits im klassischen Verständnis die Verantwortung für die Konfiguration, so könnte der nächste Schritt die Verantwortungsübernahme für die Konfigurationsspezifikation und für das Konfigurationstesten sein. Analoges gilt auch für die weiteren Ebenen im V-Modell, sodass im weitreichendsten Szenario der Lieferant als Generalunternehmer für alle Arbeitspakete des V-Modells eingesetzt wird. Komplementär reduziert sich der Arbeitsaufwand des pharmazeutischen Unternehmens im Extremfall auf die Durchführung der Lieferantenbewertung sowie die Freigabe von Lastenheft, Risikoanalyse, Validierungsplan und -befund. Die *GAMP®-Special Interest Group (SIG) Leveraging Supplier Effort* hat diese Option zur dokumentierten dynamischen Arbeitsteilung einprägsam grafisch dargestellt (Abb. 1).

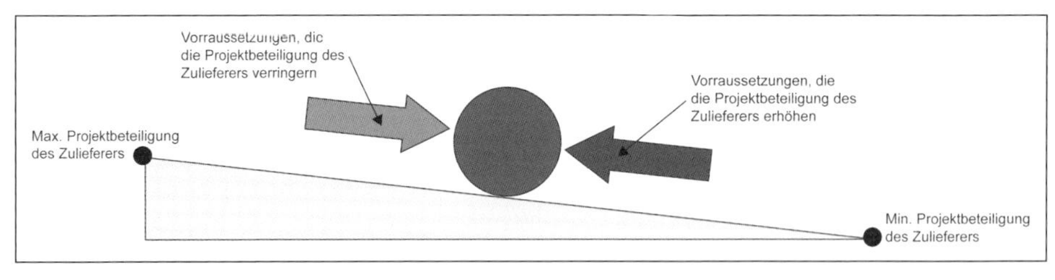

Abb. 1. Positionsbestimmung des Projektbeteiligungsanteils des Lieferanten [2].

Das pharmazeutische Unternehmen kann Aufgaben an den Lieferanten übertragen, und im Vertragsverhältnis zwischen Lieferanten und pharmazeutischen Unternehmen übernimmt der Lieferant dann die Verantwortung für die spezifikationsgerechte Aufgabenerledigung. Allerdings verbleibt die regulatorische Gesamtverantwortung für Entwicklung und Betrieb des Systems immer beim pharmazeutischen Unternehmen. Im Inspektionsfall ist ausschließlich das pharmazeutische Unternehmen gegenüber den Überwachungsbehörden auskunftspflichtig, indem es die geeigneten Dokumente zum Nachweis einer GxP-konformen Entwicklung und eines GxP-konformen Betriebs in angemessener Zeit beizubringen hat. Ferner werden die nationalen wie die internationalen Überwachungsbehörden den Nachweis des GxP-konformen Handelns immer vom überwachten, d. h. vom pharmazeutischen Unternehmen einfordern.

Deswegen bedarf es bei der Aufgabenverteilung zwischen regulierten Unternehmen und Zulieferern eines geeigneten Verfahrens, welches hier als dokumentierte dynamische Arbeitsteilung beschrieben wird. Entscheidet sich z. B. ein pharmazeutisches Unternehmen dazu, den Betrieb von GxP-relevanten Infrastrukturkomponenten oder sogar von GxP-relevanten Applikationen an externe Dienstleister auszulagern, so ist dies durchaus zulässig, wenn dieses durch geeignete Maßnahmen, wie z. B. durch initiale Risiko- und Lieferantenbewertung sowie periodische Überprüfung, begleitet wird und die dahin führende Entscheidung eindeutig dokumentiert worden ist.

3. Dokumentierte dynamische (projektspezifische) Aufgabenteilung

Es ist eine alte Weisheit, dass sich Mehraufwände in der Planungsphase oftmals bezahlt machen, weil anschließend die eigentliche Projektdurchführung umso reibungsloser funktioniert. Auch wenn der praktische Beweis dieser These schwierig zu führen ist (Hätten die Schwierigkeiten bei einem gut geplanten Projekt durch noch sorgfältigere Planung vermieden werden können? Hat ein schlecht geplantes Projekt nur Glück gehabt, wenn es „in time, in budget & in quality“ fertig wird?), so ist es vermutlich unstrittig, dass es für den Anteil der Planungsaufwände in Relation zum Projektgesamtaufwand irgendwo ein Optimum geben wird. Damit die zuvor geschilderte Option zur dokumentierten dynamischen Arbeitsteilung zwischen pharmazeutischen Unternehmen und Lieferanten zu einem erfolgreichen Projekt führt, ist sorgsame Planung und v. a. gegenseitige Offenheit und Ehrlichkeit notwendig.

Selbst wenn sich das pharmazeutische Unternehmen und der Lieferant bereits aus mehreren gemeinsamen Projekten gut kennen, muss die Arbeitsteilung jedes Mal *projektspezifisch* erneut festgelegt werden, denn letztendlich entscheiden die am Projekt beteiligten Menschen über Erfolg oder Misserfolg des Projekts. Stellen wir uns vor, dass im letzten gemeinsamen Projekt der Lieferant einen Mitarbeiter in das Projekt abstellen konnte, dessen besondere Fähigkeit darin bestand, mit den Vertretern des pharmazeutischen Unternehmens effiziente Interviews zu führen, um die Detailanforderungen zu ermitteln und diese anschließend in eine für die Entwickler verständliche Form zu bringen. In einem solchen Projekt kann und sollte die Verantwortung zum Schreiben der User Requirement Specification (URS) beim Lieferanten liegen. Der Lieferant dokumentiert die Anforderungen in einer Art und Weise, die für Auftraggeber und -nehmer gleichermaßen verständlich und hinreichend präzise sind. Mit Freuden werden die Auftraggeber diese Spezifikation freigeben und die Entwickler mit deutlich weniger Rückfragen ein System entwickeln können, das bereits „im ersten Wurf" sehr nahe an den tatsächlichen Vorstellungen des Auftraggebers liegt. Allen Projektbeteiligten wird die Spezifikationsphase als entspannt und effizient in Erinnerung bleiben. Wenn dann beim nächsten Projekt der Auftraggeber „natürlich" davon ausgeht, dass die URS vom Auftragnehmer erstellt wird (weil es ja beim letzten Mal so gut funktioniert hat), aber dem Lieferanten der konkrete Mitarbeiter für das anstehende Projekt gar nicht zur Verfügung steht, dann hilft nur frühzeitige Offenheit und Ehrlichkeit. Der Lieferant sollte diesen Punkt ehrlich ansprechen (im Idealfall bereits vor Vertragsabschluss) und der Auftraggeber sollte die Ehrlichkeit durch Offenheit wertschätzen, indem rechtzeitig nach Alternativen gesucht wird. Ansonsten entsteht ein Fall von ausgesprochenen oder – noch schlimmer – unausgesprochenen Erwartungen auf Seiten des Auftraggebers und fehlenden Kapazitäten auf Seiten des Auftragnehmers. Im beschriebenen Beispiel bieten sich folgende Problemlösungen an:

1. Der Auftraggeber akzeptiert einen weniger kompetenten URS-Schreiber des Auftragnehmers und beide Parteien sind sich über die zusätzlichen Abstimmungsaufwände im Klaren.
2. Der Auftraggeber kann einen kompetenten URS-Schreiber in das Projekt abstellen.
3. Beide Parteien einigen sich darauf, einen externen Dritten als URS-Schreiber zu verpflichten.

Dieses Beispiel zeigt, wie wichtig es ist, diese Aspekte nach Möglichkeit vor Vertragsabschluss offen anzusprechen, denn die Verschiebung von Aufgaben führt natürlich zu Entlastungen auf der einen und zu Mehrbelastungen auf der anderen Seite. Hierbei stellt sich die Frage, wie viel Offenheit sich beide Parteien vor Vertragsabschluss erlauben können. Niemand bezweifelt, dass es sinnvoll ist, dass vor Vertragsabschluss alle Punkte abschließend geklärt sind, aber der Lieferant könnte Gefahr laufen, dass er den gewünschten Auftrag nicht erhält, wenn seine Schwachpunkte offengelegt werden. Dem kann entgegnet werden, dass später erkannte Schwächen ebenfalls zu unkalkulierbaren Geschäftsrisiken führen. Außerdem impliziert ein offenes Darlegen der Teilschwächen, dass dem Lieferanten die daraus resultierenden Konsequenzen und Notwendigkeiten der regulierten Unternehmen bekannt sind und er sich dadurch als kompetenten Ansprechpartner zu erkennen gibt. Das erfordert allerdings eine dementsprechend sensible Umgangsweise der regulierten Unternehmen.

4. Optimale Arbeitsteilung zwischen pharmazeutischem Unternehmen und Lieferanten

Die aktuelle 5. Ausgabe des GAMP® empfiehlt für nahezu alle Aufwandstreiber den risikobasierten Ansatz. Kurz gesagt bedeutet dies, den Aufwand dort zu investieren, wo er sich voraussichtlich in Form zunehmender Patientensicherheit rentieren wird und dafür an anderer Stelle auf weniger wertbringende Aufwände zu verzichten. In diesem Sinn ist der nachfolgende Vorschlag zu verstehen: nur dort, wo die (Projekt-)Risiken den Aufwand rechtfertigen, sollte ein vollkommen formalisierter Prozess zur Festlegung der Arbeitsteilung zwischen Auftraggeber und Auftragnehmer greifen. Bei überschaubaren Risiken sollte der Aufwand, der in die Festlegung der Arbeitsteilung investiert wird, nach unten skaliert werden. Gleichwohl kann hier der formalisierte Prozess als Blaupause dienen, aus der jeweils sinnvolle Bausteine herausgegriffen werden können (Abb. 2).

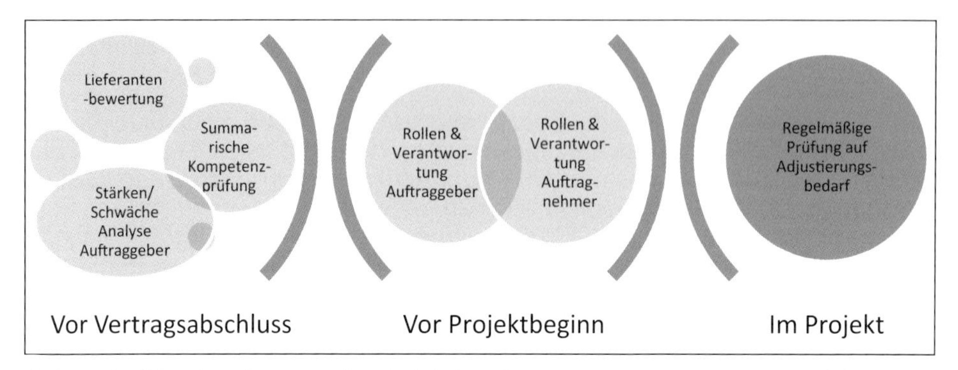

Abb. 2. Positionsbestimmung des Projektbeteiligungsanteils des Lieferanten [2].

In einer langfristig angelegten Kunden-Lieferanten-Beziehung sollte es möglich sein, die Stärken und Schwächen des Lieferanten in der konkreten Auftragssituation anzusprechen. Diesen Ergebnissen sollte der Kunde eine Analyse der eigenen Stärken und Schwächen – ebenfalls bezogen auf die konkrete Auftragssituation – gegenüberstellen. Legt man diese beiden Analysen nebeneinander, lässt sich für den konkreten Auftrag die optimale Aufgabenaufteilung schnell, einfach und zuverlässig ermitteln.

Theoretisch kann zwischen drei Grundkonstellationen unterschieden werden:

Auftraggeber und Auftragnehmer ergänzen sich optimal

Dort, wo der Auftraggeber Schwächen hat, liegen die Stärken des Auftragnehmers und umgekehrt. Für alle relevanten Projektaktivitäten sind Kompetenzen im gemeinsamen Projektteam von Auftraggeber und -nehmer vorhanden. Eine doppelte Besetzung von Kompetenzen gibt es nicht.

Auftraggeber und Auftragnehmer ergänzen sich suboptimal

Stärken und Schwächen überlappen sich z. T. Hieraus ergeben sich sowohl doppelte Besetzung von Kompetenzen als auch Kompetenzen, die weder vom Auftraggeber noch vom Auftragnehmer besetzt werden können.

Auftraggeber und Auftragnehmer ergänzen sich gar nicht

Stärken und Schwächen überlappen (nahezu) vollständig. (Nahezu) alle Kompetenzen sind doppelt besetzt, und wesentliche Kompetenzen können gar nicht besetzt werden.

Im ersten Fall leitet sich die Aufgabenaufteilung zwischen Auftraggeber und -nehmer direkt aus der Verfügbarkeit der Kompetenzen ab. In den Fällen zwei und drei sollten sich beide Parteien gut überlegen, wer die Verantwortung für doppelt besetzte Kompetenzfelder übernimmt und wer sich dementsprechend zurückzieht. Noch wichtiger ist in diesen beiden Fällen aber der Blick auf die unbesetzten Kompetenzfelder. Kann es sich das Projektteam leisten, Teilaspekte nur suboptimal zu besetzen, oder müssen dritte Ressourcen extern beschafft werden? Zusätzlich bietet die Konstellation drei dem Auftraggeber die zusätzliche Option, das gesamte Projekt an den Auftragnehmer zu vergeben. Dabei würde der untersuchte Auftragnehmer die typischen Rollen des Auftraggebers wahrnehmen und ein weiterer Partner würde das typische Auftragnehmergeschäft übernehmen. Selbstverständlich verbleibt auch in diesem Modell die regulatorische Verantwortung beim pharmazeutischen Unternehmen.

Vor Projektbeginn, in der Praxis jedoch nach Vertragsabschluss, findet die Feinabstimmung zur Festlegung von Rollen und Verantwortlichkeiten statt. Besonders bei großen und langen Projekten sollte diese Festlegung jedoch nicht zwingend als statisch angesehen werden. Auf der Projektleitungsebene sollten die getroffenen Festlegungen im laufenden Projekt regelmäßig kritisch hinterfragt werden und Optimierungspotenziale offen angesprochen und ggf. umgesetzt werden.

5. Einfluss auf alle Phasen des Life-Cycles

Die dokumentierte dynamische Arbeitsteilung sollte auf alle Bereiche des Life-Cycles angewendet werden. Der in Abb. 1 dargestellte Ball verschiebt sich gemäß dem verfügbaren Know-how für jede einzelne Phase innerhalb eines Projekts. Deswegen sollte für jeden Schritt geprüft werden, wer die Aktivitäten am geeignetsten durchführt. Je nach Expertise können bestimmte Bereiche weitestgehend durch den Lieferanten übernommen werden, während es bei anderen weniger Vorteile mit sich bringt. So kann der Ball zwischen den beiden Positionen hin und her geschoben werden, um letztendlich nach Abwägung aller Einflussfaktoren die effektivste Position einzunehmen (Abb. 3).

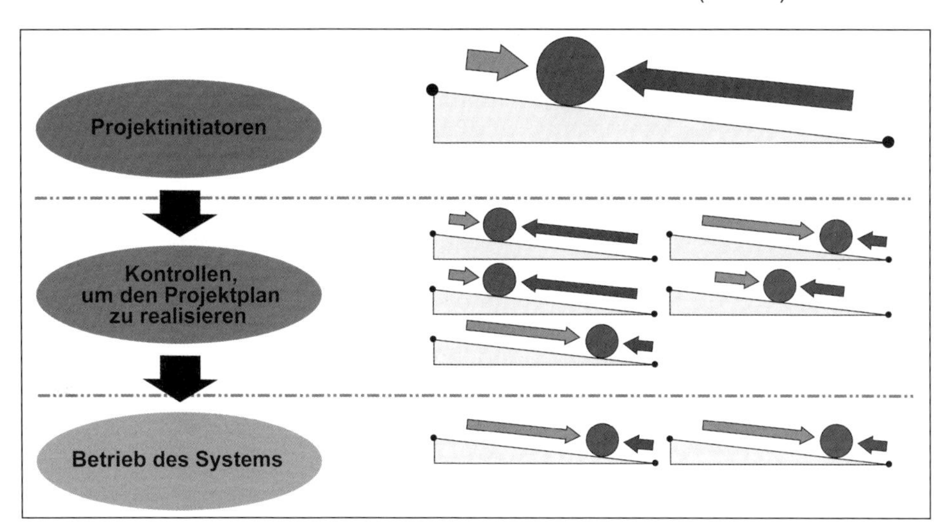

Abb. 3. Entscheidungsfindung während der einzelnen Projektphasen [2].

Ein entscheidender Faktor hierbei ist allerdings, dass die jeweilige Festlegung genau dokumentiert wird – inklusive der Faktoren, die zur Entscheidungsfindung beigetragen haben (Abb. 4). Dadurch wird der Prozess beherrschbarer. Jederzeit kann auf sich ändernde Rahmenbedingungen eingegangen werden. Falls die tatsächlichen Resultate nicht mit den Erwartungen der Lieferantenbewertung übereinstimmen, kann die „Position des Balls" entsprechend der aktualisierten Erfordernisse angepasst werden.

Aktivität	verantwortliche Organisation (typisch)	Möglichkeit für Lieferanten Input	Überwachungsmöglichkeiten der regulierten Unternehmen				Mögliche Risiken und Abwägungen
			Planung	Evaluierung	Fachexperten	Verifizierung	
Validierungs-planung	reguliertes Unternehmen	Input zum Validierungsplan, integriert Lieferanten und reguliertes Unternehmen Aktivitäten Integrierter Lieferanten Quality Plan und reguliertes Unternehmen Validierungsplan	Referenz zu Vertragsdokumenten Integration von Qualitäts-/Validierungsaktivitäten im Projektplan	Evaluierung von bestehenden Unterlagen Evaluierung Lieferanten Quality Plan	Regulatorisches und Industriefachwissen	Prüfung und Freigabe (und Verantwortung) des Validierungsplans Prüfung und Freigabe Lieferanten Quality Plan Definierung der Verifizierungsaktivitäten	Wissenverlust innerhalb regulierter Unternehmen Erfordert u.U. zusätzliche Meetings zwischen Lieferant und reguliertem Unernehmen
Funktionale Spezifikation	Lieferant	Expertise in Systemimplementation Erstellt Funktionale Spezifikation Stellt Rückführbarkeit zu Business- und Prozessanforderungen her	Input zu Business- und Prozessanforderungen her		Input zur Erstellung der funktionalen Spezifikation	Prüfung und Freigabe der funktionalen Spezifikation Prüfung der Rückführbarkeit zu den Anforderungen	Typischer Weise eine Lieferanten geführte Aktivität, eingeschränkte Möglichkeit für weitere Projektbeteiligung

Abb. 4. Beispielmatrix für eine dokumentierte dynamische Arbeitsteilung [2].

In Projekten führen z. B. die funktionale Risikoanalyse sowie die Testplanung und -durchführung häufig zu Konflikten, weil es hier i. d. R. zu einer beidseitigen Besetzung von Kompetenzen kommt. Im Folgenden soll beschrieben werden, wie sich die dokumentierte dynamische Aufgabenteilung auf diese Bereiche positiv auswirken kann.

6. Funktionale Risikobewertung R3 in GAMP® 5 M3.3

Gemäß GAMP® 5 Anhang M3 [1] obliegt die Gesamtverantwortlichkeit des Qualitätsrisikomanagements dem Geschäftsprozesseigner, also dem regulierten Unternehmen. Dem Lieferanten wird allenfalls eine beratende Funktion zugesprochen. Betrachtet man explizit die funktionale Risikobewertung bei komplexeren Systemen, wird man feststellen, dass diese Aufgabe durch regulierte Unternehmen nur eingeschränkt wahrnehmbar ist. Teilweise wird dieser Aspekt durch das regulierte Unternehmen überhaupt nicht abgedeckt und z. T. werden Lieferanten beauftragt, ein „standardisiertes" Dokument zu liefern, um den formalen Vorgaben zu genügen. Dabei können gerade hier qualitätsbeeinflussende Gefahren auftreten, welche ebenfalls Einfluss auf die Geschäftsprozesse haben können. Deswegen sollte ein Weg gefunden werden, wie das technische Expertenwissen in eine Form gebracht wird, dass die Entscheidungsträger in der pharmazeutischen Industrie bewerten können. Ein interaktiver und firmenübergreifender Prozess ist zu initiieren. Die Kontributionsmöglichkeiten des Lieferanten sind zu evaluieren und in einen organisatorischen Rahmen zu bringen (z. B. wer moderiert, welche Methoden werden angewendet, wie ist vertraglich-finanziell mit erkannten Gefahren umzugehen). Insbesondere der letzte Punkt erklärt die entsprechende Zurückhaltung der Lieferanten, da Designänderungen aufgrund von Observationen zu Diskussionen über den Lieferumfang führen. Außerdem sind Lieferanten nicht verpflichtet, bei einer GMP-Risikobetrachtung mitzuwirken. Deswegen müssen entsprechende finanzielle Regelungen im Vorfeld ebenfalls berücksichtigt werden.

7. Testdurchführung (z. B. im Rahmen der Qualifizierung)

Die Entscheidung, ob eine Tätigkeit einem Lieferanten übertragen wird, läuft i. d. R. nicht nach definierten Prozessen. Im Trend liegt das Bestreben, so viele Tätigkeiten wie möglich auf die Lieferanten zu übertragen. Das gilt auch für die Testdurchführung. Hierbei ist z. B. zu beobachten, dass in den Lastenheften, die an mehrere unterschiedliche Lieferanten versandt werden, die Testdurchführung (z. B. IQ/OQ) im Lieferumfang enthalten ist. Das bedeutet, dass Entscheidungen ohne die Bewertung des Lieferanten und ohne Beurteilung des Einflusses auf das Gesamtprojekt getroffen werden. Eine undifferenzierte Verquickung zwischen der Lieferung eines Produkts und weiterer, u. U. kritischer Servicetätigkeiten ist riskant.

Das erforderliche Abwägen der Vor- und Nachteile ist in Tab. 1 und 2 exemplarisch dargestellt.

Tab. 1. Der Lieferant erstellt die Testdokumente und führt die Tests durch.

Vorteil	**Nachteil**
tiefe Detailkenntnis des Systems	u. U. benötigen die Lieferanten zusätzliches Training
breite Erfahrung mit unterschiedlichen Validierungsansätzen der verschiedenen Kunden	das regulierte Unternehmen muss den Standard des Lieferanten verstehen und in das eigene System integrieren
im Rahmen eines Change Controls können Änderungen sofort durchgeführt werden, anstatt den Lieferanten später erneut anreisen zu lassen	nicht alle Tests können durch die Lieferanten durchgeführt werden, z. B. Schnittstellen und notwendige SOPs, deswegen muss immer noch ein Teil durch den Kunden durchgeführt werden
Kombination von Inbetriebnahme und Testaktivitäten kann zu Zeitersparnis führen	

Tab. 2. Das regulierte Unternehmen erstellt die Testdokumente und führt die Tests durch.

Vorteil	**Nachteil**
die Dokumente entsprechen dem Standard des regulierten Unternehmens	häufig eingeschränkte Personalkapazitäten
durch Erfahrungen mit Behördeninspektionen sind die Unterlagen entsprechend deren Erwartungen	teilweise können Tests nur durch Lieferanten durchgeführt werden
die Testdurchführung ist ein gutes Training in neue Systeme	das Generieren der Testbeschreibungen dauert lange, weil man sich bei jedem System erneut in die technischen Details einarbeiten muss

Heutzutage gelangt man nach eingehender Prüfung häufig zu dem Ergebnis, dass der Lieferant zumindest z. T. bei der Testdurchführung involviert werden sollte. Wenn diese Feststellung wohl dokumentiert vorgewiesen wird, kann dieses bereits positive Auswirkungen auf die Validierung mit sich bringen. Durch die gezielte Abwägung vor dem Hintergrund eines möglichen Risikos für das Projekt können rechtzeitig Korrekturmaßnahmen eingeleitet werden.

8. Kommerzielle Aspekte

In der gängigen Praxis ist es sowohl für das regulierte Unternehmen als auch für den Lieferanten wichtig, dass die mit dem Projekt verbundenen finanziellen Aspekte vor Vertragsabschluss final fixiert sind. Eine projektbegleitende, über alle Lebenszyklus-Phasen reichende risikobasierte Zuordnung der Tätigkeiten wird vermutlich dazu führen, dass sich Verantwortlichkeiten und die damit verbundenen Kosten in die eine oder andere Richtung verlagern können. Wenn z. B. erkannt wird, dass der Lieferant in der Lage ist, weiterführende Aufgaben zu übernehmen, muss dieses entsprechend zusätzlich honoriert werden.

Die Chance einer dokumentierten dynamischen Arbeitsteilung liegt darin, bei sich abzeichnenden Risiken die Aufgabenteilung anzupassen, anstatt starr an den vormals fixierten Zuordnungen festzuhalten. Geschieht dies konsequent und im gegenseitigen Einvernehmen, so ist davon auszugehen, dass die Projekte am Ende bei gesteigerter Qualität mit geringeren Kosten realisiert werden können.

9. Fazit

Das regulierte Unternehmen ist verantwortlich für GMP-Konformität, was nur gewährleistet werden kann, wenn es während des gesamten Projekts den Überblick behält. Dazu muss jeder Beitrag eines Lieferanten vorher bewertet und bei der Durchführung begleitet werden. Es geht nicht um Vertrauen oder Misstrauen. Es geht um eine kontrollierte Partnerschaft.

Eine dokumentierte dynamische Arbeitsteilung kann dafür sorgen, das flexibel auf Änderungen reagiert werden kann, dass Verantwortlichkeiten gemäß der fachlichen Expertise zugeordnet sind, dass es eine Konzentration auf die wesentlichen Anforderungen gibt und ein konsequent auf GMP-Risiken fokussiertes Design umgesetzt wird.

Eine dokumentierte dynamische Arbeitsteilung ist ein logisches Tool auf dem Weg zu einem skalierbaren, wissensorientierten Qualitätsrisikomanagement.

Literatur

[1] Good Automated Manufacturing Pratice, COP. GAMP® 5 – A Risk-Based Approach to Compliant GxP Computerized Systems. s.l. ISPE; 2008.

[2] Reid C. Effective Computerized System Compliance through Leveraging Supplier Effort. *Pharm Eng.* 2013;33(3).

Hinweis: Erstveröffentlichung in Pharm.Ind. 76 Heft 7: 1046–1052 (2014).

Korrespondenz: Maik Guttzeit, GEA Lyophil GmbH, Kalscheurener Straße 92, 50354 Hürth, E-Mail: maik.guttzeit@gea.com

Risikomanagement nach GAMP® 5 – eine Zwischenbilanz

Sieghard Wagner
Chemgineering Business Design GmbH, Stuttgart

Zusammenfassung

Mit dem GAMP® 5 wurde vor sechs Jahren erstmalig ein Konzept für ein Risikomanagement präsentiert, das den gesamten Lebenszyklus eines computergestützten Systems bestimmt. Die Erwartungen an dieses Risikomanagement sind hoch. Denn die Kenntnis der potenziellen Risiken ist der Schlüssel zur Entscheidung über notwendige und über verzichtbare Maßnahmen, sowohl im Validierungsprojekt als auch im regulären Betrieb des Systems. Die sieben Bausteine des GAMP®-Risikomanagements bieten vielfältige Ansatzpunkte für eine effiziente und schlanke Vorgehensweise. Es liegt daher nahe, nach sechs Jahren eine Zwischenbilanz zu ziehen, um zu klären, in wieweit dieses Risikomanagement inzwischen etabliert ist und was sich dadurch verändert hat. In der Praxis zeigt die Umsetzung des GAMP®-Risikomanagements oftmals Schwächen, sodass der erhoffte Nutzen nicht realisiert wird. Abhilfe schafft hier u. a. ein souveräner Umgang mit den Methoden und Hilfsmitteln, eine bewusste Risikoakzeptanz und die gezielte Sammlung und Verarbeitung der Erfahrungen im Rahmen der Periodischen Evaluierung. Der Weg dahin ist nicht strikt vorgegeben, sondern erfordert eine aufmerksame Analyse der erkannten Schwachstellen und die Bereitschaft zur permanenten Weiterentwicklung. Denn nur mit einem wirkungsvolleren Risikomanagement können die Potenziale einer effizienten und zielgerichteten Validierung gehoben werden.

Abstract

Risk Management – A Comparison of Claims and Reality

Six years ago, GAMP® 5 presented the first risk management concept that covers and defines the entire life cycle of a computerized system. Expectations for this risk management system are high, as knowledge of the potential risks is the key to deciding which measures are necessary and which are dispensable, both for validation projects and during normal systems operation. The seven GAMP risk management building blocks provide a multitude of starting points for an efficient and lean approach. After six years of practical experience, it is logical to attempt an intermediate assessment in order to reveal to what extent claims translate into reality. In real life, implementation of the GAMP risk management often shows deficiencies, resulting in smaller than expected benefit. This effect may be countered by the competent and confident implementation of methods and tools, deliberate acceptance of risks and the purposeful collection and processing of experience during the periodic evaluation. The path leading to this result is not set in stone; it requires constant diligent and focused analysis of all deficiencies identified, as well as the readiness for continuous development and improvement. Without improved risk management, the full potential of an efficient and target-oriented validation will never be realized.

Key words FMEA · GAMP® 5 · Periodische Evaluierung · Risikoanalyse · Risikomanagement · Validierung computergestützter Systeme

1. Buzz Word mit Geschichte

Nicht zuletzt mit GAMP® 5 [1] wurde Risikomanagement zum Schlagwort in der Computervalidierung. Wenn heute über die richtige Vorgehensweise oder Entscheidungskriterien diskutiert wird, so fällt unweigerlich der Begriff „risk-based", bzw. dessen deutsche Entsprechung nach einem „risikobasierten Vorgehen". Dabei baut der GAMP® 5 mit seinem risikobasierten Ansatz auf die drei Jahre zuvor verabschiedete ICH Guideline Q9 Quality Risk Management [2] auf. Diese ICH-Richtlinie konfrontierte die Pharmaindustrie zum ersten Mal auf breiter Front mit der Forderung nach einem Risikomanagement. Entsprechend groß war daher auch die sich anschließende Diskussion, wie die Arzneimittelherstellung diesem Anspruch gerecht werden kann – und diese Diskussion ist bis heute noch nicht abgeschlossen. Beispielsweise wird der EU-GMP-Leitfaden sukzessive überarbeitet, um ihn „Risikomanagement-kompatibel" zu machen. So ist in der Neufassung des Annex 11 die erste Anforderung die nach einem „Risikomanagement über den gesamten Lebenszyklus des computergestützten Systems" [3]. Auch der 2015 aktualisierte Annex 15 „Qualification and Validation" setzt diese Linie fort, indem er als grundlegende Voraussetzung ein „quality risk management (...) throughout the lifecycle" fordert [4]. Dabei ist das Thema nur für die Pharmaindustrie neu: schon die 1993 veröffentlichte EG-Richtlinie über Medizinprodukte führt die Orientierung am Risiko als Maßstab für die Entwicklung und Herstellung von Medizinprodukten ein [5]. Die praktische Umsetzung wurde in entsprechenden Normen konkretisiert. Beginnend mit einer Norm zur Risikoanalyse [6], die in der Folge konsequent zu einem umfassenden Risikomanagement entwickelt wurde [7], welches ein integraler Bestandteil des Qualitätssicherungssystems ist [8].

2. Zum ersten Mal ein umfassendes Risikomanagement

Weil nun der GAMP® seine Herkunft aus der Pharmaindustrie nicht leugnen kann, hatte er auch einen entsprechenden Nachholbedarf bei der Formulierung eines Risikomanagements für computergestützte Systeme. Erst in der Version 5 von 2008 macht der GAMP® den Versuch, ein Risikomanagement zu beschreiben, das sich über den gesamten Lebenszyklus eines Systems erstreckt und nicht nur eine einzelne (funktionale) Risikoanalyse adressiert (Abb. 1). Die Erwartungen an ein derartiges Risikomanagement sind entsprechend hoch (Tab. 1).

Tab. 1. Nutzen des Risikomanagements nach GAMP® 5 ([1], Anhang M3).

- ☐ Erkennung und Behandlung von Risiken für die Patientensicherheit, die Produktqualität und die Datensicherheit
- ☐ Anpassung der Lebenszyklus-Aktivitäten und der zugeordneten Dokumentation gemäß Systemauswirkung und Risiken
- ☐ Begründung des Einsatzes von Lieferantendokumentation
- ☐ bessere Kenntnis der potenziellen Risiken und der vorgeschlagenen Kontrollen
- ☐ Hervorhebung von Bereichen, in denen detailliertere Informationen benötigt werden
- ☐ Verbesserung der Geschäftsprozesskenntnis
- ☐ Unterstützung der regulatorischen Erwartungen

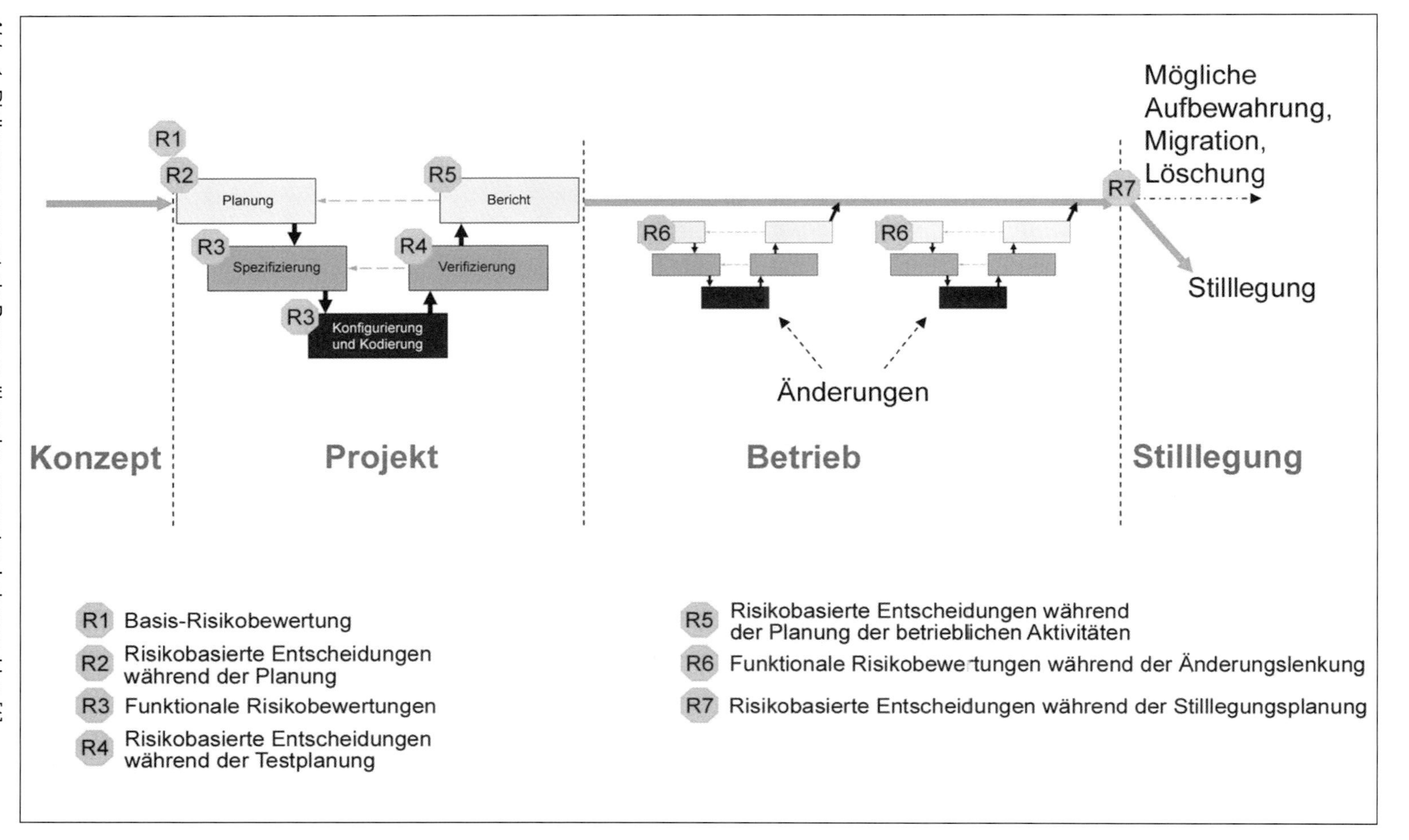

Abb. 1. Risikomanagement als Prozess über den gesamten Lebenszyklus [1].

In der Praxis bleibt von der langen Aufzählung als greifbarer Nutzen oftmals nur der letzte Punkt übrig – die Erfüllung der regulatorischen Erwartungen.

Es mag hilfreich sein, sich in Erinnerung zu rufen, dass Risikomanagement mehr als eine formalisierte Risikoanalyse ist – nämlich vielmehr ein umfassender Prozess aus drei miteinander verknüpften Teilprozessen (Abb. 2):

1. Risikobeurteilung: Identifikation von Risiken, deren Beurteilung und Bewertung

2. Risikosteuerung: Festlegung von Maßnahmen zur Risikominimierung, einschließlich Akzeptanz des verbleibenden Restrisikos

3. Risikoüberwachung: Revision der Risikobeurteilung und -steuerung, ausgehend von der Beobachtung des tatsächlichen Risikoniveaus

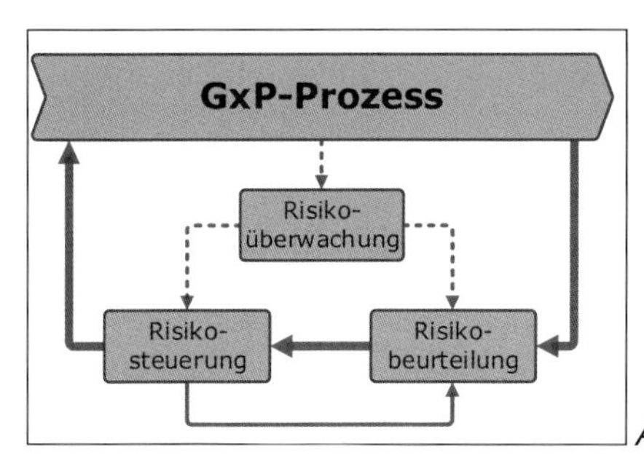

Abb. 2. Risikomanagement versus Risikoanalyse.

Dabei repräsentieren die beiden ersten Schritte „Risikobeurteilung“ und „Risikosteuerung“ in etwa das, was schon im Annex 18 „Risk Assessment“ des GAMP® 3 [10] oder im Anhang M3 „Guideline for Risk Assessment“ des GAMP® 4 beschrieben wurde [11]. Was aber offensichtlich fehlt, ist der dritte Teilprozess, die „Risikoüberwachung“. Erst damit wird aus einem gesteuerten Ablauf ein geregelter Prozess, der in der Lage ist, sich an die tatsächlichen Gegebenheiten anzupassen und auf neue Anforderungen oder Erkenntnisse sachgerecht zur reagieren. Die Risikoüberwachung ist die Rückkopplung des Regelkreises, indem die tatsächlichen Risiken, wie sie im Projekt oder operativen Betrieb auftreten, beobachtet werden und daraus eine Neubewertung des akzeptierten Risikos (Risikosteuerung) angestoßen wird (Tab. 2).

Tab. 2. Beispiele für die Rückkopplung der Risikoüberwachung als Teil des Risikomanagements.

Risikoüberwachung	Rückkopplung
nach dem Einspielen von Patches treten Störungen auf, die die Systemverfügbarkeit beeinträchtigen	**Risikobeurteilung**: Neubewertung der Eintrittswahrscheinlichkeiten für Fehler im Zusammenhang mit dem Einspielen von Patches **Risikosteuerung**: Aufsetzen eines abgestimmten Testskripts zur Verifizierung der Systemstabilität, Anpassung der Vorgaben zum Patchmanagement

Forts. Tab. 2 nächste Seite

Forts. Tab. 2

Risikoüberwachung	Rückkopplung
das bislang zur SOP-Verwaltung genutzte Dokumentenmanagementsystem (DMS) wird nun auch für andere Qualitätssicherungsdokumente verwendet; hierbei zeigen sich Probleme mit der Verwendbarkeit der im DMS definierten Dokumenttypen und Workflows	**Risikobeurteilung**: durch die veränderte Systemnutzung muss die vorhandene Risikoanalyse um die neu hinzugekommenen Risikoszenarien erweitert werden **Risikosteuerung**: es müssen zusätzliche, passende Dokumenttypen und Workflows implementiert werden
das Systemmonitoring zeigt über die gesamte bisherige Betriebsdauer keine Auffälligkeiten	**Risikobeurteilung**: Neubewertung der Eintrittswahrscheinlichkeit für Abweichungen von Systemparametern **Risikosteuerung**: Reduzierung der Monitoringaktivitäten

Möglicherweise werden aber auch neue Risiken beobachtet, die eine Revision der Risikobeurteilung erfordern. Soweit die Theorie – wie bewährt sich nun dieses Risikomanagement in der alltäglichen Praxis? Nachfolgend wird die Praxis des GAMP®-Risikomanagements anhand der dort definierten sieben Bausteine bewertet, indem Anspruch und Wirklichkeit einander gegenüber gestellt werden.

3. Basisrisikobewertung (R1)

Das Ziel der Basisrisikobewertung ist es, den Einfluss des Computersystems auf den von ihm unterstützten GxP-relevanten Prozess zu ermitteln und daraus Umfang und Tiefe der Validierung abzuleiten. Verkürzt kann man sagen, mit der Basisrisikobewertung wird über die Validierungspflicht (ja/nein) entschieden (Tab. 3), GAMP® 5 erwartet jedoch wesentlich weitreichendere Erkenntnisse, z. B. ein vertieftes Prozessverständnis, frühzeitige Festlegung von Anforderungen (URS) oder technischer Umsetzung (FS/DS) oder auch eine detaillierte Validierungsstrategie. In der Praxis wird die Basisrisikobewertung häufig durch eine Frageliste geführt, die als Ergebnis die „Validierungspflicht ja/nein" liefert (Abb. 3). Der Umgang mit derartigen Fragelisten ist i. d. R. problemlos, allerdings sind Anzahl und Umfang der Fragen häufig sehr groß, ohne dass dadurch die Transparenz der Basisrisikobewertung verbessert würde – nur der Zeitaufwand nimmt zu. Nachteilig ist auch, dass die vom GAMP® erwarteten weitreichenden Einsichten meist ausbleiben. Nur manchmal kann ein Zusatznutzen verbucht werden, wenn mit R1 erkannt wird, dass bislang kein Prozesseigner für das System definiert ist.

Tab. 3. Unklare Begrifflichkeiten im GAMP® 5.

GAMP® 5 bringt neben dem Risiko oft noch weitere Kriterien ins Spiel, z. B. *„(...) Skalierung (Anpassung) aller Lebenszyklus-Aktivitäten und der zugeordneten Dokumentation in Abhängigkeit des Risikos, der Komplexität und der Neuheit".* Damit wird suggeriert, dass „Komplexität" und „Neuheit" zusätzliche Kriterien wären, dabei sind sie nur Teilaspekte des Risikos: • **Komplexität**: Komplexität erhöht die Fehlerwahrscheinlichkeit und damit das Risiko • **Neuheit**: Neuheit erhöht die Fehlerwahrscheinlichkeit und damit das Risiko oder Neuheit verschlechtert die Entdeckung (Fehler sind noch nicht bekannt)

Nr.	Aufgabe	Ja	Nein
1	Wird das System zur Durchführung oder Überwachung von Herstellprozessen eingesetzt? (z. B.: Produktionsausrüstung, Monitoringsysteme, Prozessleitsysteme, Systeme zur Inprozesskontrolle)	☐	☐
2	Wird das System zur Durchführung oder Überwachung der Freigabeanalytik im Labor eingesetzt? (z. B.: Analysengeräte, Labordatenmanagementsysteme (LIMS))	☐	☐
3	Dient das System zur Bereitstellung oder Überwachung von Medien und Materialien für Produktionsprozesse? (z. B.: Wassersysteme, Materialflusssteuerungen, Monitoringsysteme für Medien, Systeme zur Inprozesskontrolle)	☐	☐
4	Dient das System zur Steuerung oder Überwachung der Lagerung oder der Distribution bzw. zur Verarbeitung von Informationen, die die für die Herstellung, Qualitätskontrolle und Lagerung verwendeten Räumlichkeiten beschreiben? (z. B.: Lagermonitoringsysteme, Lagerverwaltungssysteme, Zutrittskontrollsysteme, Kommissioniersysteme, Warenwirtschaftssysteme)	☐	☐
5	...		

Abb. 3. Beispiel einer GxP-Checkliste zur Bestimmung der Validierungspflicht.

Im Allgemeinen ist die für die Basisrisikobewertung zuständige Person aber bereits zufrieden, wenn die Frageliste beantwortet und die Entscheidung über die Validierungspflicht gefallen ist. Damit wird dieser Punkt meist abgehakt. Auffällig ist, dass durch die formalisierte Risikobewertung eine Nullrisikostrategie gefördert wird, was sich darin zeigt, dass auch Systeme, die weit vom GxP-Prozess entfernt sind, oftmals mit großer Selbstverständlichkeit als validierungspflichtig eingestuft werden. Oder es wird auf die Unterstützung durch (Software-) Werkzeuge lieber verzichtet, bevor sie womöglich in der Basisrisikobewertung als GMP-relevant eingestuft werden. Eine Rückkopplung zum Risikomanagementprozess besitzt die Basisrisikobewertung i. d. R. auch nicht. Dabei gäbe es direkte Bezüge zum Business-Continuity-Management, wie es der Annex 11 fordert, wenn z. B. zu entscheiden ist, ob das System einen kritischen Prozess unterstützt.

4. Risikobasierte Entscheidungen während der Planung (R2)

GAMP® 5 erwartet, dass der Validierungsplan die zugrundeliegende Risikobetrachtung explizit dokumentiert, um zu verstehen, welches die kritischen Funktionen sind, auf die sich die Validierungsaktivitäten konzentrieren und damit indirekt auch, was unkritisch und ggf. vernachlässigbar ist. Dabei soll der geplante Validierungsaufwand dem erwarteten Risiko angemessen sein. Dies gilt insbesondere für den Umfang, indem Validierungsaktivitäten auf den Lieferanten übertragen werden können. In der Praxis wird das Risiko meist ganz selbstverständlich zur Bewertung des Lieferanten herangezogen – einfach deshalb, weil die Entscheidungsgrundlage nicht eindeutig ist. Die Antworten eines Postal Audits sind nur sehr begrenzt aussagekräftig. Und auch ein Vor-Ort-Audit zeigt oft ein indifferentes Bild, wenn z. B. das Qualitätssicherungssystem des Lieferanten deutliche Schwächen aufweist, weil es keinerlei Vorgaben zu Codierung und Code Reviews macht, dafür aber nachvollziehbare Tests aufweist.

In der Praxis nur schwach ausgeprägt ist die Skalierung und Fokussierung des Validierungsaufwands nach Maßgabe des Risikos. Hier wird oftmals rein schematisch nur auf das technologische Risiko geschaut, indem man das Konzept der GAMP®-Software(SW)-Kategorien 1:1 umsetzt und z. B. für ein konfiguriertes System (= SW-Kategorie 4) ein Pflichtenheft fordert, egal ob dies notwendig und sinnvoll ist. Damit schaut man aber nur auf das technologische Risiko und ignoriert das mindestens ebenso wichtige Prozessrisiko.

Was durchgehend fehlt, ist die Dokumentation der Risiken. Aufgeschrieben ist letztlich meist nur das Ergebnis der Risikobetrachtung, nicht das erkannte Risiko selbst; das gilt sowohl für den Validierungsplan als auch für die Anforderungsspezifikation/URS [3]. Mit dem Validierungsbericht gibt es auch einen etablierten Regelkreis, in dem die Validierungsplanung an ihren Ergebnissen gemessen wird. Allerdings gilt das nicht für alle Planungskomponenten; so wird eine einmal vorgenommene Lieferantenbewertung später meist nie wieder angefasst und einem Review unterzogen.

5. Funktionale Risikoanalyse (R3)

Die funktionale Risikoanalyse ist der Teil des Risikomanagements, der schon am längsten diskutiert wird und über den die meiste praktische Erfahrung vorliegt. Gleichzeitig macht die funktionale Risikoanalyse aber auch die meisten Probleme; hier ist die Kluft zwischen Anspruch und Wirklichkeit am größten. Das Ziel ist lt. GAMP®, die relevanten Risiken zu identifizieren. Als Anleitung wird in dem umfangreichen Anhang M3 [1] eine an die Failure Mode and Effect Analysis (FMEA) angelehnte Methode vorgeschlagen und ein sehr differenziertes Vorgehen empfohlen. Die dabei vorgenommene schematische Prozesseinteilung nach geringem, mittlerem und hohem Einfluss lässt sich in der Praxis nur in Ausnahmefällen sinnvoll anwenden. Eine dieser Ausnahmen können ERP-Systeme sein, die ausgeprägt prozessorientiert und gleichzeitig sehr umfangreich sind. Weder gibt es klare Kriterien dafür, was z. B. einen „mittleren Einfluss" von einem „geringen Einfluss" unterscheidet, noch zahlt sich der Aufwand aus, drei unterschiedliche Risikobewertungsverfahren zu betreiben. Anders als im GAMP® 5 empfohlen, wird in der Praxis auch nicht diskutiert, ob eine funktionale Risikoanalyse überhaupt erforderlich ist.

Das Hauptproblem liegt aber in der Methode selbst: die FMEA bestimmt das Risiko u. a. nach Auftretens- und Entdeckungswahrscheinlichkeit. Beide Wahrscheinlichkeiten sind in Validierungsprojekten immer nur qualitativ erfassbar und somit vom Bauchgefühl und der Psyche jedes Diskussionsteilnehmers abhängig. Dies verursacht ein Unbehagen bei den Beteiligten, das manchmal durch eine detaillierte Bewertungsskala eingefangen werden soll. Doch je größer die Möglichkeiten zur Einstufung der Auftretenswahrscheinlichkeit oder Entdeckung sind, desto länger geht die Diskussion und umso willkürlicher wirkt die Bewertung auf die Beteiligten. Dazu kommt, dass das vom GAMP in der Abbildung M3.5 vorgeschlagene Bewertungsverfahren einen methodischen Fehler aufweist (Abb. 4): durch die Bewertung in zwei Stufen sind die drei Einflussgrößen nicht mehr gleich gewichtet, sondern die Erkennbarkeit wiegt schwerer als Auftretenswahrscheinlichkeit und Bedeutung/Schwere (Hinweiskasten).

Fachlich falsche Risikobewertungsmethode des GAMP® 5

- GAMP® ermittelt die Risikopriorität in M3.5 in einem zweistufigen Bewertungsprozess: zuerst werden Auftretenswahrscheinlichkeit und Bedeutung/Schwere symmetrisch zu der Hilfsgröße „Risikoklasse" verrechnet. Dieses (aggregierte) Zwischenergebnis wird dann in einer zweiten Stufe, wiederrum in einer symmetrischen Bewertungsmatrix, mit der Erkennbarkeit verknüpft. Durch diese strikt sequenzielle Vorgehensweise wird die Erkennbarkeit höher gewichtet als die beiden anderen Kriterien.

Forts. nächste Seite

Forts. vorherige Seite

- Dies ist insofern fatal, als die Erkennbarkeit gerade das schwächste Risikokriterium ist, da sie erst greift, wenn das betreffende Risikoszenario bereits eingetreten ist. Zudem kann sie überhaupt nur dann risikominimierend wirken, wenn die Erkennung rechtzeitig erfolgt und wirksame Gegenmaßnahmen zur Schadensbegrenzung existieren. Aus diesem Grund taucht die Erkennbarkeit in der Literatur oft nicht als eigenständiges Kriterium für die Bestimmung des Risikos auf [7].

Eine ausführliche Erläuterung der Hintergründe für diese „Rechenschwäche" des GAMP kann beim Autor angefordert werden.

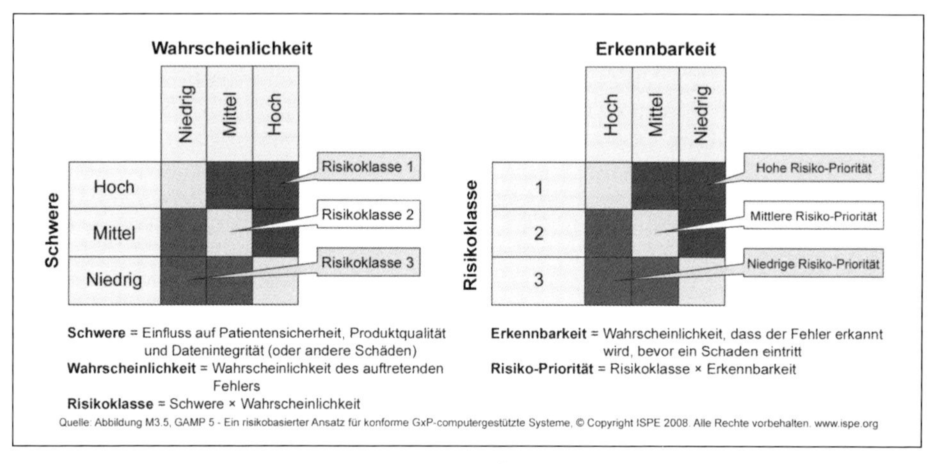

Abb. 4. Risikobewertungsverfahren des GAMP® – angelehnt an die FMEA-Methode [1].

Stattdessen sollte daher die in den Normen und Richtlinien empfohlene gleichrangige Multiplikation der drei Risikokriterien zur Ermittlung einer Risikoprioritätszahl/RPZ verwendet werden oder grafisch auf Basis einer(!) Bewertungsmatrix [12,13]; auch Bewertungen in Prosa, die die drei Einflussgrößen diskutieren, können die Effizienz der Risikoanalyse fördern.

Allgemein wird für die Durchführung der funktionalen Risikoanalyse viel Zeit aufgewendet, die umso schwerer wiegt, da typischerweise mehrere Personen an der Identifikation und Bewertung der Risiken beteiligt sind. Folglich lohnt es sich, bei der Ausgestaltung des Risikoanalyseprozesses zielgerichtet vorzugehen (Tab. 4) und dabei den Betrachtungshorizont bewusst zu begrenzen (Tab. 5).

Tab. 4. Optimierungsansätze für die funktionale Risikoanalyse.

Die Methode und der Einsatz der funktionalen Risikoanalyse bieten Potenzial für vielfältige Optimierungen, u. a.:
• **gute Vorbereitung**: Vorbereitung von Risikoszenarien und möglichen Ursachen als Leitfaden für die Diskussion der Risiken und Maßnahmen • **Konzentration auf wertvolle Risikoszenarien**: keine „Dummy-Risiken" betrachten; keine Vorgabe machen, stur alle Anforderungen in einem Risikoszenario behandeln zu müssen • **einfaches Bewertungsverfahren wählen**: wenige, aussagekräftige Bewertungsstufen verwenden (weniger ist mehr), ggf. systemspezifischen Bewertungskatalog nutzen • **am Prozessrisiko orientieren**: die Bedeutung/Schwere kann nie größer sein als die Kritikalität des unterstützten Prozesses • **kein Automatismus Risikopriorität → Maßnahmen**: kein Zwang zu Dummy-Maßnahmen • **souveräner Umgang mit der Methode**: nicht zum Sklaven der Methode machen lassen, zulassen, dass Regeln der Methode bei Bedarf übersteuert werden dürfen • **Konzentration auf GxP**: keine (zusätzliche) Bewertung von kommerziellen, Umwelt- oder Arbeitsschutzrisiken • **keine Bewertung nach Maßnahmen**: Bewertung nach Maßnahmen liefert keinen Erkenntnisgewinn und verbraucht nur wertvolle Zeit

Tab. 5. Methodische Hilfestellung zur Identifikation wertvoller Risikoszenarien.

Da die Anzahl der zu betrachtenden Risikoszenarien direkt den Zeitaufwand der Risikoanalyse bestimmt, ist die Ermittlung und Auswahl der Risikoszenarien ein entscheidender Hebel für die Effizienz:

Schritte	**Methode/Hilfestellung**	**Beispiel (LIMS)**
1. Fehler Fehlersituation beschreiben	• Frage nach Nichterfüllung der geforderten Funktion/Bauteil/Prozess • Leitworte verwenden (→ HAZOP)	• geforderte Funktion: nur Berechtigte dürfen Zugriff auf Daten haben • Fehler: unautorisierter Zugriff
2. Ursache mögliche Ursache finden	• 5 mal Warum (5W) • alternativ Ishikawa	W: Das Berechtigungskonzept stimmt nicht W: Das Berechtigungskonzept wurde nicht überprüft W: Es gab kein formales Review des Berechtigungskonzepts W: Es gibt keine gültige Version des Berechtigungskonzepts W: Der Prozesseigner konnte sich nicht auf ein Rollenkonzept einigen ODER W: Das Berechtigungskonzept stimmt nicht W: Im System sind die Berechtigungen anders konfiguriert, als es im Berechtigungskonzept spezifiziert wurde W: Es gab Konfigurationsfehler bei der Implementierung ...

Forts. Tab. 5 nächste Seite

Forts. Tab. 5

Schritte	Methode/Hilfestellung	Beispiel (LIMS)
3. Folge Welcher Schaden entsteht?	• hier nur GxP-Schäden betrachten • nah am Prozess bleiben	Folge: Verwendung fehlerhafter Prüfmethode

Man sollte immer im Auge behalten, dass die Risikoanalyse kein Selbstzweck, sondern ein Instrument ist, um unakzeptable Risiken zu identifizieren und Maßnahmen zu deren Minimierung einzuleiten.

6. Risikobasierte Entscheidungen während der Testplanung (R4)

Die risikobasierte Testplanung erscheint trivial, wenn man eine umfassende funktionale Risikoanalyse vorliegen hat, da dort i. d. R. neben technischen oder organisatorischen Maßnahmen auch Tests zur Risikominimierung geplant sind. Hierbei wird jedoch oftmals vergessen, dass der Zusammenhang zwischen Risiko und Test nicht so einfach herzustellen ist: wollte man das Risiko eines systematischen Fehlers durch Tests wirklich minimieren, so müssen alle möglichen Wege, die die betreffende Funktion durchlaufen kann, im Test enthalten sein (= 100 %-Testabdeckung). Das ist angesichts der Funktionsfülle und Kombinatorik meist nicht leistbar und sinnvoll. So gesehen ist der vielfach verfolgte Ansatz, Tests als risikominimierende Maßnahme einzuplanen, fragwürdig, da auch mit vielen Testszenarien keine sichere Aussage über das zugeordnete Risiko gemacht werden kann, dazu ist die Stichprobe i. d. R. zu klein.

Wenn man den verlockenden Anspruch des GAMP® als Richtschnur heranzieht, dass risikobasiertes Testen den Testumfang reduziert, dann zeigt sich oft ein ernüchterndes Bild:

„Es kann doch nicht sein, dass wir nun seit über 2 Jahren detaillierte funktionale Risikoanalysen durchführen – aber unsere Testpläne haben sich dadurch nicht verändert."

Das Potenzial zur Aufwandsminimierung wird häufig nicht genutzt, eher kommen durch die Risikoanalyse noch weitere Prüfpunkte hinzu, die man bislang nicht im Blick hatte. Dem gegenüber liegt eine große Reserve in der Designqualifizierung (DQ), denn für viele unkritische Anforderungen ist der schriftliche Nachweis der Spezifikation ausreichend, so kann auf funktionale Tests verzichtet werden. Auch die Möglichkeit, generelle Ausschlüsse zu formulieren, wird häufig nicht genutzt, wenn z. B. in einem hoch standardisierten System zum x-ten Mal die Grundfunktionen getestet werden. Zur Dokumentation der Gedanken und Konzepte für eine risikobasierte Testplanung bietet sich das vom GAMP® empfohlene Teststrategiedokument an.

Testen ist eine zentrale Validierungsaktivität, es wäre daher zu erwarten, dass die Verifizierungsphase einen wichtigen Beitrag zum Risikomanagement leistet. In der Praxis fehlt jedoch jede Rückkopplung von den Testergebnissen zurück auf die funktionale Risikoanalyse, der Weg von R3 nach R4 ist eine Einbahnstraße.

7. Risikobasierte Festlegung betrieblicher Aktivitäten (R5)

Die Festlegung organisatorischer und administrativer Maßnahmen zur Absicherung des Systembetriebs ist eigentlich eine logische Konsequenz der funktionalen Risikoanalyse. Das funktioniert aber nur, wenn zum einen entlang der Systemprozesse diskutiert wird und zum anderen das Risiko, das mit nicht funktionalen Anforderungen wie Verfügbarkeit und Leistung verbunden ist, klar herausgearbeitet wurde. Das setzt eine entsprechende Planung und Vorbereitung der funktionalen Risikoanalyse voraus. Ansonsten sind die Erkenntnisse nur punktuell wirksam und reichen nicht für eine abgesicherte Planung. Als Konsequenz werden die SOPs oft nur nach Erfahrung oder mit Copy/Paste erstellt. Im besten Fall wirkt dabei eine unbewusste Risikoeinschätzung mit, eine objektive Messung am Risiko findet jedoch nicht statt. Somit verzichtet man auf ein wichtiges Korrektiv bei der Festlegung der notwendigen und der verzichtbaren Maßnahmen.

Sollten sich später im Betrieb Änderungen an den Abläufen ergeben, so führt dies i. d. R. nicht zu einer Anpassung der zugrunde liegenden Risikoanalyse, der Regelkreis des Risikomanagements ist unterbrochen.

8. Risikobasierte Änderungskontrolle (R6)

Dass ein Change mit Rücksicht auf das Risiko geplant sein sollte, ist selbstverständlich, wenn man bedenkt, welche gravierenden Auswirkungen eine Änderung haben kann. Im Sinn des Risikomanagements ist der Anspruch des GAMP® daher nur folgerichtig, Umfang und Tiefe der Änderungskontrolle über das Risiko zu bestimmen. In der Praxis werden die notwendigen Maßnahmen zur Absicherung einer Änderung zwar risikogetrieben festgelegt, nur ist das meist aus den schriftlichen Belegen (Änderungsantrag) nicht herauszulesen. Dort taucht das Wort „Risiko“ oftmals überhaupt nicht auf. Damit fehlt die Möglichkeit, beim Review des Änderungsantrags bewusst die geplanten Maßnahmen der Risikoeinschätzung gegenüberzustellen.

Im Detail spiegeln typische Änderungsanträge schon das zugrunde liegende Risiko wider, hauptsächlich indem Prüfpunkte risikobasiert ausgewählt werden. Möglicherweise werden auch noch Vorkehrungen zur Absicherung des Änderungsprozesses getroffen, die durch das Risiko motiviert sind, wenn z. B. ein Rollback-Verfahren gefordert wird, um sicher auf den alten Stand zurückkehren zu können, sollte die Änderung fehlschlagen.

Im Detail ist die Orientierung am Risiko also wirksam. Auf Prozessebene wird jedoch meist die Devise des „one size fits all“ verfolgt, nach der alle Arten von Änderungen dem gleichen Change-Control(CC)-Verfahren unterliegen. Hier existiert ein großes Potenzial für maßgeschneiderte, am Risiko orientierte Änderungsprozesse, die weniger Personen involvieren, weniger Unterschriften benötigen oder weniger Schritte und Dokumente erfordern.

9. Risikobasierte Stilllegungsplanung (R7)

Das letzte Element des GAMP®-Risikomanagements möchte Compliance-Anforderungen auch am Ende des Lebenszyklus und darüber hinaus erfüllt wissen. Dies betrifft in erster Linie die Verfügbarkeit von elektronischen Daten, deren Aufbewahrungspflicht nicht mit der Systemabschaltung endet. Realisiert wird dies entweder durch eine Archivierung oder durch eine Migration der Daten in ein Nachfolgesystem. Beide Verfahren bergen typische Risiken, die immer auch systemspezifisch kontrolliert werden müssen. So schafft eine Archivierung über längere Zeiträume eine Vielzahl von technischen und organisatorischen Abhängigkeiten, die bewusst verwaltet werden müssen. Dies äußert sich in Prüf- und Arbeitsanweisungen, die mit dem Risiko der Abhängigkeiten korrelieren. Dem gegenüber liegt das Risiko einer Datenmigration v. a. in der großen Zahl, die keine 1:1-Behandlung und Überprüfung der Daten zulässt. Nur eine risikobasierte Bestimmung der erforderlichen Stichproben und Tests ermöglicht es, den Prüfaufwand in akzeptablen Grenzen zu halten.

Wie sich die risikobasierte Stilllegungsplanung im Alltag bewährt, lässt sich zum Zeitpunkt dieses Artikels nicht bestimmen – es liegen noch zu wenig Erfahrungswerte vor. Es ist jedoch offensichtlich, dass die Risikobetrachtung ein unverzichtbarer Bestandteil der Stilllegungsplanung sein muss; umso wichtiger ist es, diesen Vorgang mit geeigneten Hilfsmitteln/Templates zu unterstützen.

10. Das 8. Element

Ein integraler Bestandteil des Risikomanagements ist immer, die Wirksamkeit der Risikokontrolle zu überwachen und zu verifizieren. Das beinhaltet nicht nur zu schauen, ob die Maßnahmen wie geplant implementiert wurden, sondern auch den Nachweis, dass die Maßnahmen das Risiko auf das erwartete Maß wirklich reduziert haben. Letzteres ist in der Praxis oft nur lückenhaft oder gar nicht möglich. Zwar kann über Tests der Nachweis geführt werden, dass risikominimierende Funktionen korrekt arbeiten, eine 100 %ige Sicherheit ist aber meist nur schwer zu erlangen. Organisatorische Maßnahmen zur Risikokontrolle, wie sie z. B. in SOPs oder Wartungs- und Monitoringplänen niedergelegt sind, können meist nur über längere Beobachtungszeiträume verifiziert werden. GAMP® hat in seiner Definition des Risikomanagements dafür kein eigenes Element vorgesehen. Doch der generelle Validierungsansatz, wie ihn auch der Annex 11 propagiert, bietet mit der Periodischen Evaluierung bereits ein passendes Werkzeug für die langfristige Risikoüberwachung an (Tab. 6).

Tab. 6. Periodische Evaluierung als weiterer Baustein des Risikomanagements.

Regelmäßige Überprüfung der Risiken im Rahmen der Periodischen Evaluierung:
• Sind neue Gefahren aufgetreten? • Bestehen bislang bekannte Gefahren nicht mehr? • Ist das Risiko noch akzeptabel? • Ist die vorhandene Risikobewertung noch aktuell? Die Ergebnisse wirken auf den Risikomanagement-Prozess zurück.
Häufigkeit und Umfang der periodischen Prüfungen sollen abhängig vom Risiko definiert werden.

Leider ist auch hier die Praxis noch ein Stück von der Theorie entfernt und das nicht nur, weil die Periodische Evaluierung bislang zwar geplant, aber selten durchgeführt wird. Vielmehr ist die Agenda und Taktung der Periodischen Evaluierung nicht am Risiko orientiert, sondern mehr an einem Standardplan, der in Standardintervallen abgearbeitet werden muss. Überhaupt kommt das Stichwort „Risiko" in Review-Plänen – wenn überhaupt – nur indirekt vor, indem z. B. Abweichungen, Vorfälle oder Probleme im Systembetrieb der zurückliegenden Zeit angeschaut und bewertet werden. Würde man die Frage nach der Gültigkeit der bisherigen Risikoeinschätzung direkt stellen, wäre es auch leichter, mit dem mächtigen Risikoargument Veränderungen anzustoßen. Diese sind potenziell in beide Richtungen möglich, hin zu weniger Kontrollen und schlankeren Abläufen oder aber auch zusätzliche Maßnahmen, als Antwort auf ein zu hohes Risiko.

11. Fazit

Eine Zwischenbilanz nach rund sechs Jahren GAMP®-Risikomanagement zeigt, dass es viel Raum für Optimierung und bessere Nutzung vorhandener Chancen gibt (Tab. 7).

Und dies nicht etwa, weil die Theorie nicht ausgereift wäre. Sie weist zwar Schwächen in der Einbettung der Periodischen Evaluierung auf und tut sich schwer, die Wirksamkeit der Maßnahmen zu verifizieren, letztlich ist die Praxis jedoch die viel größere Bremse. Wie aber kommt man zu einem effektiveren Risikomanagement und wie kann man die Einsparungspotenziale heben? Konkrete Schritte auf diesem Weg sind:

- **Ausrichtung am Prozessrisiko:** ein System kann nie kritischer sein als der von ihm unterstützte Prozess
- **Weg von der Nullrisikostrategie:** das Ziel der Risikokontrolle ist nicht das Nullrisiko, sondern ein akzeptiertes Risiko
- **Werkzeuge passend machen:** die Risikoanalyse ist nur ein Werkzeug, sie sollte daher unkompliziert und leicht anwendbar sein
- **Methoden souverän nutzen:** Methoden als Hilfsmittel ansehen; wo sie sinnvolle Vorgehensweisen behindern, über der Methode stehen
- **Rückkopplung nutzen**: aus Ergebnissen und Erfahrungen risikominimierende Maßnahmen neu justieren
- **Risiko thematisieren**: für einen objektiven Umgang das Risiko explizit benennen, dann kann man damit umgehen

Risikomanagement in der Pharmaindustrie ist immer noch in der Einführungsphase, vieles entwickelt sich noch, manches ist auch Learning by Doing. Das Potenzial ist groß und es lohnt sich, Zeit in die Weiterentwicklung zu stecken, kreativ und vom Ziel her zu denken und den Mut zu haben, mit Risiken zu leben.

Tab. 7. Reifegrad der einzelnen Bausteine im GAMP®-Risikomanagement.

Risikomanagement-Baustein	Anspruch/Nutzen	Beobachtung/Wirklichkeit
R1 Basisrisikobewertung	• entscheidet über Validierungspflicht • ermöglicht frühzeitige Erkennung kritischer Prozessparameter • liefert Hinweise für Anforderungs- und Systemspezifikation • gibt Anhaltspunkte für Validierungsstrategie	• verwendete Methode: Frage-/Checkliste • Anwendung der Methode: grundsätzlich einfach, aber oftmals zu viele Fragen • vertane Chancen: – Verfolgung einer Nullrisikostrategie – Verhinderung von (Software-)Werkzeugen, um diese nicht validieren zu müssen • Rückkopplung: keine • Reifegrad: außer der Validierungspflicht wird i. d. R. kein weiterer Nutzen erreicht

Forts. Tab. 7 nächste Seite

Forts. Tab. 7

Risikomanagement-Baustein	Anspruch/Nutzen	Beobachtung/Wirklichkeit
R2 risikobasierte Planung	• Mittel zur Skalierung des Validierungsaufwands • unterstützt die Fokussierung (Konzentration auf hochkritische Funktionen) • erschließt das Potenzial der Beteiligung des Lieferanten an der Validierung	• verwendete Methode: Prosa/ Rationale • Anwendung der Methode: Risikobetrachtung oftmals nicht explizit dokumentiert • vertane Chancen: – schematische Validierungsplanung ohne Berücksichtigung des Risikos (z. B. Anwendung GAMP®-SW-Kat) • Rückkopplung: mit Validierungsbericht; Lieferantenbewertung wird i. d. R. später nie überprüft • Reifegrad: spürbarer Nutzen bei der Einbindung des Lieferanten in die Validierung
R3 funktionale Risikoanalyse	• funktionale Risikoanalyse nur sofern erforderlich • identifiziert die relevanten Risiken anhand URS, FS oder Basis-Risikobewertung • Methodik angelehnt an FMEA, bewertet durch Fachexperten • betrachtet Risiken aus zwei Blickrichtungen: 1. Risiken, die durch Systemeinsatz entstehen 2. Risiken, die vom System kontrolliert werden	• verwendete Methode: Checklisten, Varianten der FMEA • Anwendung der Methode: z. T. mangelhaftes Methodenverständnis, schwer anwendbar (→ Bestimmung der Wahrscheinlichkeiten), Aufwand zu Nutzen mangelhaft • vertane Chancen: – Verfolgung einer Nullrisikostrategie – Bedarf für funktionale Risikoanalyse wird nicht diskutiert – zu spät für technische Maßnahmen • Rückkopplung: – im Validierungsbericht: o Abfrage der Maßnahmenumsetzung – Betriebserfahrung: o keine Rückkopplung • Reifegrad: geringer praktischer Nutzen im Verhältnis zum Aufwand

Forts. Tab. 7 nächste Seite

Forts. Tab. 7

Risikomanagement-Baustein	Anspruch/Nutzen	Beobachtung/Wirklichkeit
R4 risikobasierte Testplanung	• Ergebnis der funktionalen Risikoanalyse bestimmt: – Testumfang – Testtiefe • Konzentration der Tests auf hochkritische Funktionen • Minimierung des Testaufwands für geringkritische Funktionen • Tests verifizieren Maßnahmen zur Risikominimierung • Lieferantenbewertung beeinflusst Testplanung • auch hier: „risikobasiert" soll dokumentiert sein	• verwendete Methode: Rationale; Übernahme der Ergebnisse aus der funktionalen Risikoanalyse (R3) • Anwendung der Methode: Transformation der R3-Ergebnisse in den Testplan ist einfach, risikobasierte Teststrategie oftmals nicht erkennbar, Einfluss des Tests auf das Risiko häufig unklar • vertane Chancen: – Minimierung des Testumfangs geschieht selten – aufgeblähter Testumfang durch Strukturvorgaben („...jede Anforderung muss getestet werden") • Rückkopplung: keine Rückwirkung der Testergebnisse auf funktionale Risikoanalyse • Reifegrad: ungenutztes Potenzial für Reduzierung des Testumfangs
R5 risikobasierte Planung des operativen Betriebs	• identifiziert kritische Geschäftsprozesse • bestimmt die notwendigen Absicherungsmaßnahmen, bzgl.: – Systemverfügbarkeit – Häufigkeit und Art von Datensicherung und -wiederherstellung – Desaster-Recovery-Planung – System- und Datensicherheit – Change Control – periodische Überprüfung – Business Continuity	• verwendete Methode: Prosa; Übernahme der Ergebnisse aus der funktionalen Risikoanalyse (R3) • Anwendung der Methode: Zusammenhang zwischen organisatorischer Regelung (SOP) und zugrunde liegendem Risiko oftmals nicht erkennbar, Nutzung von R3 erfordert erweiterte Fragestellung/Risikoszenarien • vertane Chancen: kein passendes Zuschneiden der Periodischen Evaluierung • Rückkopplung: bei Änderungen geht der Bezug zur funktionalen Risikoanalyse verloren • Reifegrad: eher unbewusster Einfluss des Risikos auf die Planung

Forts. Tab. 7 nächste Seite

Forts. Tab. 7

Risikomanagement-Baustein	Anspruch/Nutzen	Beobachtung/Wirklichkeit
R6 risikobasierte Änderungskontrolle	• skaliert das CC-Vorgehen in Abhängigkeit von: – Komplexität – Risiko der Änderung • bestimmt Umfang der Maßnahmen zur Absicherung der Änderung	• verwendete Methode: Prosa/Rationale; Checkliste • Anwendung der Methode: oft nur Ergebnisse, aber keine Argumentation mit dem Risiko, es müssen technische und organisatorische Risiken bedacht werden • vertane Chancen: starres CC-Verfahren lässt eine risikoabhängige Skalierung nicht zu • Rückkopplung: CC-Antrag → CC-Bericht, danach keine Rückwirkung mehr • Reifegrad: eher unsichtbarer Einfluss des Risikos auf die Änderungsplanung
R7 risikobasierte Stilllegungsplanung	• sichert den Zugriff auf die Daten über die Stilllegung hinaus • gewährleistet die Vollständigkeit und Richtigkeit der migrierten Daten	• verwendete Methode: Prosa • Anwendung der Methode: Risikobetrachtung fehlt, wenn nicht über Vorlage des Stilllegungsplans die richtigen Fragen gestellt werden • vertane Chancen: N/A, zu wenig Erfahrungswerte • Rückkopplung: Stilllegungsplan → Stilllegungsbericht, danach keine Rückwirkung mehr • Reifegrad: N/A, zu wenig Erfahrungswerte

Literatur

[1] ISPE GAMP® 5: A Risk-Based Approach to Compliant GxP Computerized Systems, International Society for Pharmaceutical Engineering (ISPE), Fifth Edition, February 2008, www.ispe.org.

[2] ICH Guideline Q9 Quality Risk Management, 2005.

[3] EG-Leitfaden der guten Herstellungspraxis. Anhang 11 - Computergestützte Systeme, 2011.

[4] EU Guidelines for Good Manufacturing Practice for Medicinal Products for Human and Veterinary Use. Annex 15: Qualification and Validation, 2015.

[5] Richtlinie 93/42/EWG des Rates vom 14.6.1993 über Medizinprodukte.

[6] DIN EN 1441. Medizinprodukte - Risikoanalyse. Berlin: Beuth; 1997.

[7] DIN EN ISO 14971. Medizinprodukte – Anwendung des Risikomanagements auf Medizinprodukte. Berlin: Beuth; 2013.

[8] DIN EN ISO 13485. Medizinprodukte – Qualitätsmanagementsysteme – Anforderungen für regulatorische Zwecke. Berlin: Beuth; 2012.

[9] Wagner S. Risikomanagement nach GAMP® 5. In: PTJ Computervalidierung im GxP-regulierten Umfeld. Aulendorf: Editio Cantor; 2010.

[10] GAMP® 3: GAMP Guide for Validation of Automated Systems in Pharmaceutical Manufacture. Good Automated Manufacturing Forum; 1998.

[11] GAMP® 4: GAMP Guide for Validation of Automated Systems. ISPE 2002.

[12] DIN EN 60812. Analysetechniken für die Funktionsfähigkeit von Systemen - Verfahren für die Fehlzustandsart- und -auswirkungsanalyse (FMEA). Berlin: Beuth; 2006.

[13] Qualitätsmanagement in der Automobilindustrie. Band 4, Produkt- und Prozess-FMEA. Berlin: VDA; 2006.

Danksagung: In diesem Zusammenhang möchte sich der Autor bei apl. Prof. Dr. Georg Zimmermann vom Institut für Angewandte Mathematik und Statistik der Uni Hohenheim für seine freundliche Unterstützung bei der Beurteilung des GAMP-Bewertungsverfahrens bedanken.

Hinweis: Im vorliegenden Artikel basieren die Aussagen zur Risikomanagementpraxis im Wesentlichen auf den Erfahrungen des Autors mit diversen Industrieprojekten in den vergangenen Jahren; hinzu kommen Diskussionen mit Chemgineering-Kollegen und deren Erfahrungen.

Korrespondenz: Sieghard Wagner, Chemgineering Business Design GmbH, Heßbrühlstraße 15, 70565 Stuttgart, E-Mail: sieghard.wagner@chemgineering.com

Automatisiertes Testen von Software im GxP-Umfeld

Stefan Münch

Rockwell Automation Solutions GmbH, Karlsruhe

Zusammenfassung

Lässt sich automatisiertes Testen auch im regulierten GxP-Umfeld einsetzen? Worauf ist zu achten und wie sollte vorgegangen werden, um zu einem validierten System zu gelangen? Der vorliegende Artikel führt kurz in die Thematik ein und betrachtet dabei Stärken und Schwächen, bevorzugte Einsatzgebiete und Besonderheiten der Testautomatisierung. Der Zusammenhang von Prozessen und Werkzeugen wird erläutert und die wichtigsten Anforderungen an ein Werkzeug dargelegt. Schließlich wird in Anlehnung an den aktuellen Gute-Praxis-Leitfaden „Ein risikobasierter Ansatz zum Test von GxP-Systemen“ gezeigt, wie Werkzeuge in acht Schritten ausgewählt und bewertet werden können, um ihre Eignung nachzuweisen.

Abstract

Automated Testing of Software in the GxP Environment

Should test automation be applied to GxP-related systems? Which aspects need specific consideration and how to achieve a validated state? This article introduces the subject of test automation, focusing on benefits and downsides, suitable test types and peculiarities. The interconnection between processes and tools will be explained and important objectives towards a test automation tool will be outlined. Following the current Good Practice Guide "A Risk-Based Approach to Testing of GxP Systems", the article finally shows how a tool can be selected and assessed in eight steps to prove it is fit for its intended purpose.

Key words Testautomatisierung · Risikobasiertes Testen · Qualitätssicherung · Testmanagement

1. Einleitung

Seit mehr als 30 Jahren werden automatisierte Tests in der Softwareentwicklung eingesetzt, um manuelle Tests zu ersetzen oder zu ergänzen – mittlerweile auch vermehrt in der pharmazeutischen Industrie, einem hochgradig regulierten Umfeld. Die Befürworter versprechen Kosten- und Zeiteinsparungen und computergestützte Werkzeuge bieten viele Vorteile, aber sie können auch neue Risiken mit sich bringen.

In diesem Beitrag sollen die Zielsetzungen und möglichen Vorteile automatisierter Tests beleuchtet werden. Darüber hinaus werden Kriterien vorgestellt, um den Einsatz von Testautomatisierung erfolgreich zu gestalten, und Empfehlungen ausgesprochen, wie geeignete Werkzeuge ausgewählt und verifiziert werden können. Schließlich sollen aber auch einige Tücken aufgezeigt und Missverständnisse aufgeklärt werden.

2. Zielsetzung und zu erwartende Vorteile

Automatisiertes Testen soll helfen, die Qualität zu steigern. Die Tests sollten einfach zu schreiben, auszuführen und gut zu pflegen sein. Diese Ziele sollen die Umsetzung einer Strategie unterstützen, die sowohl manuelles als auch automatisiertes Testen zulässt – oder eine Mischform (z. B. automatisierte Erzeugung von Berichten, deren Gestaltung und Inhalt anschließend manuell geprüft werden). Generell sollte die Entscheidung für oder gegen Automatisierung einzelner Tests erst im Anschluss an das Testdesign erfolgen.

Besonders für selbstentwickelte Anwendungen, wenn verschiedene Versionen einer Software vorliegen oder bei Produkten von Drittanbietern, die regelmäßig aktualisiert werden, können automatisierte Tests einen Gewinn bedeuten, u. a.:

- **höhere Konsistenz und Qualität**: durch konsistentere Testdurchführung und das relativ frühe Aufspüren von Fehlern werden eine hohe Qualität und eine stabile Entwicklung unterstützt
- **Zeit- und Kostenersparnis**: die Testdurchführung beschleunigt sich erheblich und es können mehr und vielfältigere Tests in der gleichen Zeit durchgeführt werden
- **Wiederholbarkeit und erhöhte Agilität**: Testzyklen werden kürzer, sodass häufiger getestet werden kann; die Qualität bleibt somit stabiler, Risiken werden reduziert; kleine Änderungen oder regelmäßige Aktualisierungen können ohne großen Zusatzaufwand getestet werden
- **höhere Testbreite und -tiefe**: es wird einfacher, Tests in verschiedenen Variationen durchzuführen und damit mehr Kombinationen abzudecken
- **Stresstests**: die Fähigkeit, eine Anwendung unter Last mit einer hohen Zahl an „Anwendern" gleichzeitig zu testen, ist durch manuelles Testen nicht auf reproduzierbare Art und Weise möglich

Ihre Stärken spielt die Testautomatisierung besonders im Rahmen eigener Softwareentwicklungstätigkeiten aus – gerade in Kombination mit anderen automatisierten Lebenszyklus-Aktivitäten wie kontinuierlicher Integration oder täglicher Build-Generierung.

3. Prozesse und Werkzeuge

Es gibt im Bereich Testautomatisierung eine Vielzahl von Werkzeugen, die hier jedoch nicht weiter betrachtet werden sollen. Das wichtigste Einsatzgebiet ist die automatisierte Unterstützung von Testaktivitäten. Dabei ist darauf zu achten, den Entwurf eines Tests von der konkreten Implementierung zu trennen. Unter Umständen kann es sogar sinnvoll sein, hierfür im Testteam unterschiedliche Rollen vorzusehen, sodass sich einige Tester auf Planung, Anforderungen und das Testdesign konzentrieren können, während andere die ausführbaren Testskripte entwerfen, implementieren und ausführen.

Generell sind zwei Arten von Werkzeugen zu unterscheiden:

- **Testmanagementwerkzeuge** unterstützen die Erstellung und Verwaltung von Testfällen und -skripten, die Testdurchführung und -protokollierung sowie das Anforderungsmanagement (optional).
- **Testautomatisierungswerkzeuge** erleichtern die Erstellung oder Aufzeichnung (und Verwaltung) von Testskripten und die automatisierte Ausführung und Protokollierung von Tests. Diese stehen hier im Fokus, wenn von Werkzeugen die Rede ist, können aber mit Testmanagementwerkzeugen kombiniert werden.

Die Investitionskosten in computergestützte Testwerkzeuge können hoch sein. Deshalb ist es sinnvoll, Testautomatisierung als eigene Softwareentwicklungsaktivität zu betrachten, in der das Werkzeug seinen eigenen Lebenszyklus (SDLC) besitzt. Die Anforderungen an das Testteam erhöhen sich, da Implementierung und Pflege der Testskripte Programmierkenntnisse erfordern.

Der effektive Einsatz von Testwerkzeugen sollte durch angepasste Prozesse und Qualifizierungsmaßnahmen der Tester unterstützt werden. Schulungen sollten dabei nicht beim Werkzeug und der Programmierung haltmachen, sondern geeignete Testverfahren einschließen. Wenn entsprechende Werkzeuge eingeführt werden, ist außerdem darauf zu achten, dass keine Verschlechterung gegenüber manuellen Prozessen stattfindet [1].

Nicht jeder Aspekt eines computergestützten Systems lässt sich automatisiert testen. Umso wichtiger ist es daher, frühzeitig festzulegen, welche Tests sich für die Automatisierung eignen und welche Funktionen besser manuell getestet werden sollten (Tab. 1). In jedem Fall ist es empfehlenswert, den Einsatz entsprechender Werkzeuge durch eine geeignete Testplanung und -strategie zu begleiten. Dies erhöht die Chance eines erfolgreichen Einsatzes, bei dem sowohl die Bedürfnisse der Tester als auch der Qualitätssicherung (Konformität!) eingehalten werden.

4. Eignung der Testarten

Offensichtlich eignen sich manche Arten von Tests besser, andere weniger gut zur Automatisierung. Es gibt auch Tests, die sich gar nicht oder nicht effizient automatisieren lassen oder für die eine zusätzliche Simulationsschicht notwendig ist (z. B. wenn echte Hardware wie Barcodescanner im Spiel ist), während andere erst durch Automatisierung sinnvoll durchführbar werden (z. B. Last- und Stresstests). Tabelle 1 bietet hierzu eine gute Übersicht über die verschiedenen Testarten und ihre Eignung für manuelles bzw. automatisiertes Testen.

Tab. 1. Eignung der Testarten [2].

Eignung für manuelles/automatisiertes Testen	**Man.**	**Auto.**
Unterstützung der Entwicklung (Smoke- und Unit-Tests)	(✓)	✓
funktionale Tests	✓	✓
strukturelle Tests	(✓)	✓
automatisches Erzeugen von Testeingaben	–	✓
Installations- und Konfigurationstests	✓	(✓)
Regressionstests	✓	✓

Forts. Tab. 1 nächste Seite

Forts. Tab. 1

Eignung für manuelles/automatisiertes Testen	Man.	Auto.
Hardwaretests (z. B. Waagen oder Drucker)	✓	–
Last- und Performancetests	–	✓
Testen von Race Conditions und Deadlocks	–	✓
Langzeittests	–	✓
Legende: ✓ = gut geeignet (✓) = eingeschränkt geeignet – = nicht geeignet		

5. Voraussetzungen

Sowohl Werkzeuge als auch Testumgebungen für automatisierte Tests sollten nachweislich bewertet und geprüft worden sein, bevor sie produktiv eingesetzt werden. Darüber hinaus sollte ihr Einsatz im Rahmen der Teststrategie beschrieben werden und die Werkzeuge einem Konfigurationsmanagement unterliegen.

Falls Testwerkzeuge im Zusammenhang mit GxP-Systemen eingesetzt werden, kann es zusätzlich sinnvoll sein, Auswahlkriterien und Konfigurationen zu spezifizieren und zu prüfen sowie die dabei entstehenden Bewertungen und Nachweise zu dokumentieren. Grundlage für die Entscheidung sollte eine zuvor durchgeführte Risikobewertung sein, die auch die Systeme, die mit dem Werkzeug getestet werden (sollen), betrachtet.

Die Teststrategie sollte sich keinesfalls nach dem Werkzeug richten, sondern nur grundsätzlich den Einsatz eines Werkzeugs vorsehen, sodass sie flexibel bleibt und für manuelle und automatisierte Tests sowie für verschiedene Werkzeuge geeignet ist.

Je nach Risikobewertung ist eine detaillierte Spezifikation nicht notwendig, aber die Einsatzbereiche und die angestrebten Ziele sollten im Rahmen der Teststrategie klar beschrieben sein.

Der notwendige Detaillierungsgrad für die Prüfung eines Werkzeugs richtet sich nach dem ermittelten Risiko, das u. a. von der Kategorisierung sowie vom Umfang der Konfiguration oder Programmierung abhängt.

Im Allgemeinen genügt ein Eignungsnachweis, wenn es sich um ein etabliertes Werkzeug mit entsprechender „Vorgeschichte“ handelt. Dieser Nachweis muss mindestens die folgenden kritischen Aspekte abdecken:

- Audit Trail
- Sicherheit der Testdaten
- Erzwingung des Prozesses

Alle im Zusammenhang mit Testautomatisierung anfallenden Artefakte (darunter versteht man z. B. Frameworks, Module oder Skripte, aber auch Testfälle, Testdaten und Testergebnisse) sollten einem Konfigurationsmanagement unterliegen und versionsverwaltet werden. Darüber hinaus ist es sinnvoll, Richtlinien und Arbeitsanweisungen bereitzustellen, in denen die Prüf- und Genehmigungsprozesse für die jeweiligen Artefakte beschrieben sind.

6. Testautomatisierungswerkzeuge

Die Attraktivität von Testautomatisierungswerkzeugen ist durch die zunehmende Verbreitung nicht linearer (agiler) Entwicklungsverfahren in den letzten Jahren deutlich gestiegen. Automatisiertes Testen unterstützt die häufige, wiederholte Durchführung von Testfällen, wie sie gerade bei iterativen Entwicklungsverfahren gefordert ist, besonders gut, kann aber auch bei „klassischer" Vorgehensweise Vorteile bieten, z. B. um den Validierungsstatus eines Systems regelmäßig zu überprüfen.

Zur Testautomatisierung zählen die Automatisierung von Software- und Hardwaretestaktivitäten, die Erzeugung von Testdaten und -skripten, die Testdurchführung, die Analyse der Ergebnisse und die Dokumentation. Die dazu notwendigen Werkzeuge decken ein breites Spektrum ab und können sehr allgemein oder hochspezialisiert sein. Darüber hinaus unterscheiden sie sich auch nach dem Grad der Interaktion mit anderen Komponenten, z. B. automatisiertes Starten von Tests, Aufzeichnung der Ergebnisse oder Erzeugung von Fehlern in einem Fehlermanagementsystem.

Üblicherweise werden die folgenden Funktionen durch Testautomatisierungswerkzeuge unterstützt:

- funktionaler Test der Anwendung
- Aufzeichnung und (Wieder-)Abspielen von Tests
- daten- oder schlüsselwortgetriebene Tests
- Unterstützung einer Skriptsprache (einschließlich Parametrierung)
- Integration mit anderen Werkzeugen

7. Auswahl

Die folgenden Fragen sollten bei der Auswahl geeigneter Werkzeuge beachtet werden:

- Soll das Werkzeug für eine bestimmte Anwendung oder flexibel eingesetzt werden?
- Wie viele Testwiederholungen werden erwartet und wie hoch ist der Aufwand für Regressionstests?
- Wird ein Werkzeug nur von Spezialisten eingesetzt oder sollen auch normale Anwender damit umgehen können?
- Welche Teststrategie und welche Testarten (Tab. 1) sollen unterstützt werden?
- Welche alternativen Lösungen kommen statt eines Werkzeugs infrage?

Sowohl die Teststrategie als auch die Prozesse, die zu ihrer Umsetzung notwendig sind, sollten als Erstes festgelegt werden. Dabei kann der ISPE „Test-GPG" [3] gute Hilfe leisten; zudem sollten firmeninterne Richtlinien und Prozesse berücksichtigt werden. Auswahlkriterien für Testwerkzeuge folgen erst danach und sollten so gewählt werden, dass sie die Prozesse in geeigneter Weise unterstützen. Das Risiko, nicht konform zu sein, kann so deutlich reduziert werden.

8. Allgemeine Anforderungen

Die folgenden Kriterien können bei der Auswahl eines computergestützten Testwerkzeugs als Anhaltspunkte dienen – sie treffen so auch, aber nicht nur, auf Testautomatisierungswerkzeuge zu:

- das Testwerkzeug sollte:
  - bewertet und eingeführt werden
  - die Validierungsaktivitäten unterstützen
  - ein sicheres Dokumentenmanagement der Testartefakte unterstützen
  - eine elektronische Genehmigung des Testplans und der Berichte erlauben
- alle Testskripte sollten als kontrollierte Aufzeichnungen behandelt werden; festgelegte und geeignete gute Dokumentationspraktiken sollten eingehalten werden
- das Testwerkzeug sollte den aktuellen Status der Abarbeitung der Skripte darstellen (Cockpits oder Dashboards können hierzu eine gute Übersicht bieten):
  - Wie viele Skripte wurden insgesamt bearbeitet?
  - Wie viele Testläufe wurden durchgeführt?
  - Wie viele waren erfolgreich, wie viele sind fehlgeschlagen?

9. Spezifische Anforderungen

Darüber hinaus gibt es Anforderungen, die spezifisch für Werkzeuge zur Testautomatisierung gelten – nicht alle haben die gleiche Priorität:

- das Testautomatisierungswerkzeug sollte hinsichtlich der Verwaltung und der Ausführung von Testskripten konfigurierbar sein
- das bzw. die Werkzeuge sollten mindestens eins von zwei verschiedenen Verfahren zur Aufzeichnung von Testskripten unterstützen (nicht zwingend mit demselben Werkzeug):
  - „analoge" Aufzeichnung von Mausbewegungen, Klicks und Tastenanschlägen sowie späteres Abspielen
  - kontextsensitive Aufzeichnung von direkten Objektzugriffen
- bei der Testautomatisierung kann das Testskript auch die Testspezifikation sein; Testskripte sollten daher in einem Format vorliegen, das die Prüfung und die Genehmigung durch nicht technisches Personal ermöglicht
- sowohl Blackbox- als auch Whitebox-Tests sollten unterstützt werden
- das Werkzeug sollte die Pflege der Skripte unterstützen (z. B. durch eine Schnittstelle zu einer Versionsverwaltung)
- das Werkzeug sollte Protokolldateien oder sonstige Nachweise der ausgeführten Skripte erzeugen; der Detaillierungsgrad sollte durch das Testskript selbst vorgegeben werden können
- Protokolldateien sind Testnachweise und dürfen nicht editiert oder gelöscht werden; sie müssen für spätere Prüfungen aufbewahrt werden
- Testskripte sollten für einen fortlaufenden Testbetrieb oder für spätere Wiederholungen beliebig oft ausführbar sein

- es sollte möglich sein, Testskripte jederzeit automatisch zu starten und somit einen fortlaufenden Testbetrieb zu unterstützen
- Testskripte sollten selbstständig (unbeaufsichtigt) ablaufen können
- daten- oder schlüsselwortgetriebene Tests sollten unterstützt werden

10. Bewertung und Nachweis

Für die Bewertung kann die aus GAMP® 5 [4] bekannte und in [5] dargestellte Einordnung in Kategorien als Grundlage dienen. Etablierte Werkzeuge werden dabei als Teil der Infrastruktur angesehen und fallen somit in Kategorie 1. Zudem haben sie meist keinen oder nur einen indirekten Einfluss auf Produktqualität und Patientensicherheit, wodurch sie als risikoarm gelten und i. d. R. nicht aufwendig validiert werden müssen. Dennoch sollte eine Bewertung durchgeführt und dokumentiert und zusätzliche Maßnahmen können erforderlich werden, um die Sicherheit, die Integrität sowie die Zuverlässigkeit der GxP-relevanten Testartefakte zu gewährleisten.

Bewertung und Prüfung sollten sich auf den Nachweis für den vorgesehenen Zweck konzentrieren. Die Prüfung kann sich dabei auf das Produkt selbst beschränken oder die gewählte Konfiguration einschließen. Da der Fokus – wie beim risikobasierten Ansatz üblich – auf die kritischen Anforderungen gerichtet sein sollte, kommt folgenden Aspekten eine besondere Bedeutung zu:

- **Sicherheit der Testdaten:** Die Datensicherheit sollte durch ein rollenbasiertes Design des Werkzeugs, das unterschiedlichen Anwendern unterschiedliche Rechte zuordnet, sowie durch computergenerierte Protokolle unterstützt werden. Fehlen diese, so kann die Datensicherheit durch Maßnahmen wie Zugangskontrollen und entsprechende Richtlinien erreicht werden, die jedoch auch überprüft werden müssen.
- **Erzwingung des Prozesses durch das Werkzeug:** Das Werkzeug sollte die Fähigkeit mitbringen, den zuvor definierten Testprozess geeignet umzusetzen, z. B. durch die Bereitstellung konfigurierbarer Abläufe (Workflows). Falls diese Unterstützung fehlt oder stark eingeschränkt ist, sollten Aufzeichnungen zumindest einen Nachweis dafür liefern können, dass dem Prozess gefolgt wurde.

Testdaten werden üblicherweise nicht als elektronische Aufzeichnungen im Sinn der regulatorischen Vorschriften angesehen und die Arbeit mit computergestützten Testwerkzeugen erfordert normalerweise keine elektronische Unterschrift. Insofern kommt z. B. US FDA 21 CFR Part 11 an dieser Stelle nicht zur Anwendung [6].

Der Umfang der Prüfungsaktivitäten sollte sich nach dem jeweiligen Risiko richten und den Reifegrad des Werkzeugs sowie die Erfahrung des Lieferanten mit der Pharmaindustrie berücksichtigen.

In Abb. 1 und Tab. 2 werden acht Schritte aufgezeigt, die eine gute Hilfestellung bei Auswahl, Bewertung und Prüfung eines computergestützten Testwerkzeugs bieten. Meist sind die Komplexität und die Risiken in den Testdaten und -skripten zu finden, nicht jedoch im Werkzeug. In vielen Fällen wird das Werkzeug ohne oder mit geringen Änderungen verwendet, sodass ein Eignungsnachweis genügt.

Tab. 2. Acht Schritte zum Erfolg [3].

	Schritt	**Ergebnis(se)**
1	Ziele und Strategie festlegen • Beschreiben Sie Ihre Testziele und -strategie. • Ob Sie die Tests später manuell oder automatisiert durchführen, spielt hier noch keine Rolle!	• Testziele (allgemein) • Teststrategie (allgemein)
2	Risiken bewerten • Bewerten Sie die Risiken Ihrer Prozesse und Ihrer Anwendungen und dokumentieren Sie das Ergebnis.	• Risikoanalyse (allgemein)
3	Kriterien definieren • Wenn Sie Ihre Testziele mit automatisierten Tests erreichen möchten, definieren Sie die Kriterien für ein geeignetes Werkzeug. • Bewerten (und dokumentieren!) Sie das generelle Risiko des Einsatzes eines Werkzeugs für die Testautomatisierung.	• Auswahlkriterien für ein Testautomatisierungswerkzeug • Risikoanalyse (für Testautomatisierung)
4	Werkzeug auswählen • Wählen Sie ein Werkzeug aus, das Ihre Auswahlkriterien erfüllt. – Falls Sie ein bestehendes Werkzeug wählen, informieren Sie sich über Erfahrungen und Erkenntnisse beim Einsatz in der Pharmaindustrie. – Falls Sie ein Werkzeug selbst entwickeln oder ein bestehendes erheblich verändern, spezifizieren Sie es. • Dokumentieren und begründen Sie Ihre Auswahl. • Aktualisieren Sie Ihre Risikoanalyse aus Schritt 3, indem Sie die generelle Bewertung konkretisieren.	• Testautomatisierungswerkzeug (ausgewählt) • Risikoanalyse (für genau dieses Werkzeug) • Spezifikation eines Werkzeugs (optional)
5	Datensicherheit gewährleisten • Legen Sie fest, wie Sie die Sicherheit Ihrer Testdaten gewährleisten wollen. • Prüfen Sie den Einsatz einer Versionsverwaltung. • Legen Sie eine Vorgehensweise für Prüfung und Genehmigung der Testdaten fest. Beachten Sie hierbei, dass unterschiedliche Testdaten unterschiedliche Vorgehensweisen erfordern können!	• Konzept zur Gewährleistung der Sicherheit der Testdaten • SOPs oder Richtlinien (optional)
6	Entscheidung für Prüfung treffen • Entscheiden Sie, ob für Ihr gewähltes Werkzeug eine Verifikation oder ein Eignungsnachweis durchgeführt werden soll. – Nutzen Sie hierzu die Ergebnisse der vorherigen Schritte, insbesondere die Risikoanalysen.	• Entscheidung Validierung vs. Eignungsnachweis
7	Eignung nachweisen • Weisen Sie nach, dass bzw. wie Ihr Testautomatisierungswerkzeug die Auswahlkriterien aus Schritt 3 erfüllt. • Weisen Sie nach, dass bzw. wie Ihr Werkzeug in Kombination mit Ihren Prozessen die Sicherheit Ihrer Testdaten laut Schritt 5 gewährleistet. • Planen Sie ggf. flankierende Maßnahmen zur Qualitätssicherung.	• Eignungsnachweis

Forts. Tab. 2 nächste Seite

Forts. Tab. 2

	Schritt	Ergebnis(se)
8	Werkzeug testen • Das ist nur relevant, falls Sie sich in Schritt 6 für eine Validierung des Testautomatisierungswerkzeugs entschieden haben. • Testen Sie Ihr Werkzeug auf Basis der ggf. in Schritt 4 erstellten Spezifikation! • Prüfen und genehmigen Sie den Test!	• Werkzeug (validiert)

Die Schritte 1 und 2 werden i. d. R. für alle computergestützten Testwerkzeuge durchlaufen. Die Schritte 7 und 8 schließen sich gegenseitig aus und hängen von der Entscheidung aus Schritt 6 ab.

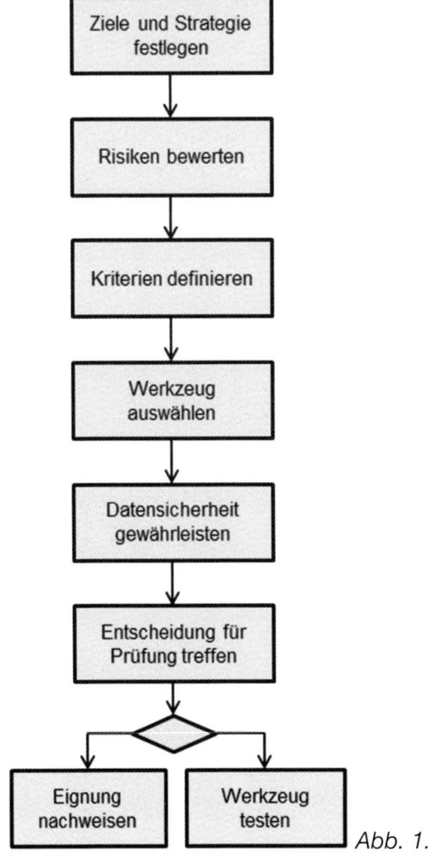

Abb. 1. Acht Schritte zum Erfolg.

11. Wirtschaftlichkeit

Bevor die Testautomatisierung dabei helfen kann, Kosten einzusparen, ist zunächst eine (z. T. erhebliche) Investition notwendig, um Tests überhaupt in größerem Maßstab automatisieren zu können. Hierzu zählen die Kosten für Auswahl und Evaluierung eines Werkzeugs, dessen Einrichtung, die Bereitstellung der Infrastruktur, Schulungsmaßnahmen sowie als fortlaufende Kosten die (Weiter-)Entwicklung der Testskripte.

Über diese direkten Kosten hinaus gibt es weitere Aspekte, die bei einer Wirtschaftlichkeitsbetrachtung berücksichtigt werden sollten. Hierzu zählen auch indirekte Kosten und – auf der Habenseite – Einsparungen, die durch frühzeitiges Auffinden von Fehlern und durch eine Steigerung der Qualität erreicht werden, auch wenn diese i. d. R. schwieriger zu bestimmen sind, sodass man häufig auf Schätzungen angewiesen ist [2].

12. Tücken, Tipps und Tricks

Testautomatisierung sollte als eine Vollzeitaufgabe verstanden werden, nicht als „Nebenjob". Entsprechende Coding Standards und (Programmier-)Richtlinien sollten dabei helfen, die Testskripte einheitlich, lesbar und für langfristige Pflege geeignet zu gestalten. Dazu sollten auch bekannte Qualitätssicherungsmaßnahmen der Softwareentwicklung wie Code und Design Reviews eingesetzt werden.

Eine besondere Herausforderung kann das automatisierte Testen von Anwendungen darstellen, die bereits älter sind oder für die der Quellcode nicht verfügbar ist. Wenn man sich nicht auf analoge X/Y-Koordinaten beschränken will, sondern mit Objektzugriffen arbeitet (ersteres führt kurzfristig zu Erfolg, erschwert aber Wiederverwendung und Pflege. Letzteres ist komplexer, aber auch mächtiger und sichert langfristigen Nutzen. Beides hat seine Berechtigung), können sich hier Hürden aufbauen, die nicht immer überwindbar sind.

Manch einer wünscht sich gar, gleich die Testskripte und -daten automatisiert aus den (natürlich klar strukturierten und eindeutigen) Anforderungen abzuleiten, aber so attraktiv diese Vorstellung auch klingt, ist sie heute doch noch Wunschdenken.

Testautomatisierung liefert oft sehr zeitnah Ergebnisse, aber leider deutlich langsamer Einsparungseffekte. Hier sollte eher langfristig geplant und um Geduld geworben werden.

Ein inhärenter Nachteil der klassischen Testautomatisierung ist der durch die hohe Reproduzierbarkeit bedingte Mangel an Variabilität. Ein Testskript wird zwar nicht müde, aber testet eben immer das Gleiche, sodass leicht der eine oder andere Fehler übersehen werden kann. Dieses Problem kann durch zufällige Variation in den verwendeten Testdaten zumindest verringert werden, aber eine echte Lösung stellt eine große Herausforderung dar. Meist ist es einfacher, die automatisierten Tests um zusätzliche manuelle Tests zu ergänzen.

Literatur

[1] EU GMP EudraLex Volume 4 – Medicinal Products for Human and Veterinary Use: Good Manufacturing Practice. European Commission; Annex 11: Computerised Systems; 2011.

[2] Münch S, Brandstetter P, Clevermann K, Kieckhöfel O, Schäfer ER. The Return on Investment (ROI) of Test Automation. Pharmaceutical Engineering® Magazine 2012;12(4):22–30.

[3] ISPE. A Risk-Based Approach to Testing of GxP Systems, 2nd Edition. GAMP Good Practice Guide; 2012.

[4] ISPE GAMP® 5: A Risk-Based Approach to Compliant GxP Computerized Systems, International Society for Pharmaceutical Engineering (ISPE), Fifth Edition; February 2008, www.ispe.org.

[5] Römer M. Systemklassifizierung von Computersystemen. Pharm.Ind. 2013;75:662–666.

[6] US FDA Title 21 CFR Part 11 – Electronic Records; Electronic Signatures; Final Rule; Part II. Department of Health and Human Services; 1997.

Danksagung: Der Autor bedankt sich sehr herzlich bei den Mitgliedern der GAMP D/A/CH SIG „Automatisiertes Testen“ für die gute Zusammenarbeit und die anregenden Diskussionen!

Hinweis: Erstveröffentlichung in Pharm.Ind.76 Heft 10: 1560–1566 (2014).

Korrespondenz: Stefan Münch, Rockwell Automation Solutions GmbH, Zur Gießerei 19–27, 76227 Karlsruhe, E-Mail: smuench@ra.rockwell.com

Anhang

- *Autorenverzeichnis*
- *Lieferbare Titel*
  Pharma technologie journal – GMP Report
- *Inserentenverzeichnis*

Autorenverzeichnis

Dr. Jenny Gebhardt	Q-FINITY Qualitätsmanagement Medical Director / Senior Executive Consultant Wallerfanger Straße 27 66763 Dillingen E-Mail: jennygebhardt@q-finity.de
James Greene, PMP	Rescop GmbH Regulatory System Compliance Partners Director Business Development & Operations, Germany Schliengener Straße 25 79379 Müllheim (Baden) E-Mail: j.greene@rescop.com
Maik Guttzeit	GEA Lyophil GmbH GEA Process Engineering Teamleader QA and Validation, GEA Pharma Systems Kalscheurener Straße 92 50354 Hürth E-Mail: maik.guttzeit@gea.com
Oliver Herrmann	Q-FINITY Qualitätsmanagement Managing Director / Principal Consultant Wallerfanger Straße 27 66763 Dillingen E-Mail: oliverherrmann@q-finity.de
Dr. Stephan Müller	DHC Dr. Herterich & Consultants GmbH Senior Consultant Landwehrplatz 6–7 66111 Saarbrücken E-Mail: stephan.mueller@dhc-gmbh.com
Stefan Münch	Rockwell Automation Solutions GmbH Campus Quality Manager Zur Gießerei 19–27 76227 Karlsruhe E-Mail: smuench@ra.rockwell.com
Edgar Röder	DHC Dr. Herterich & Consultants GmbH Senior Consultant Information Systems Auditor Landwehrplatz 6–7 66111 Saarbrücken E-Mail: edgar.roeder@dhc-gmbh.com
Yves Samson, Dipl.-Ing. (FH)	Kereon AG Director Mülhauserstrasse 113 CH-4056 Basel (Schweiz) E-Mail: yves.samson@kereon.ch

Dr. Stefan Schaaf
Q-FINITY Qualitätsmanagement
Director Process Compliance /
Senior Executive Consultant
Wallerfanger Straße 27
66763 Dillingen
E-Mail: stefanschaaf@q-finity.de

Melanie Schnurr
Systec & Services GmbH
Teamleader QA and Validation,
ISTQB Certified Tester
Emmy-Noether-Straße 17
76131 Karlsruhe
E-Mail: msr@systec-services.com

Dr. Wolfgang Schumacher
F. Hoffmann-La Roche AG
Head of Computer Systems Quality – PTQSQ
Building 683 / 3B 102
CH-4070 Basel (Schweiz)
E-Mail: wolfgang.schumacher@roche.com

Dr. Jörg Schwamberger
Merck KGaA
Head of Global Business Process & Data Governance
Group Information Services | Business
Processes, Data & Systems Harmonization
HPC: A 003/401
Frankfurter Straße 250
64293 Darmstadt
E-Mail: joerg.schwamberger@merckgroup.com

Dr. Dirk Spingat
Bayer Pharma AG
PS-API-SC ELB IT Informationssysteme
Leitung Informationssysteme
Friedrich-Ebert-Straße 475
Gebäude 52, Raum 123
42117 Wuppertal
E-Mail: dirk.spingat@bayer.com

Sieghard Wagner
Chemgineering Business Design GmbH
Senior Consultant
Heßbrühlstraße 15
70565 Stuttgart
E-Mail: sieghard.wagner@chemgineering.com

Jessica Zimara
Valcoba AG
Head of Computer System Validation
Management Consultant
Hofackerstrasse 1
CH-4132 Muttenz (Schweiz)
E-Mail: jessica.zimara@valcoba.ch

pharma technologie journal – GMP Report
Lieferbare Titel

Behördliche Anforderungen

	Bestell-Nr.	
GMP-Inspektionen und -Audits (2. Auflage 2010)	1096	€ 86,00
Risikomanagement in der Pharmaindustrie (2. Auflage 2014)	1099	€ 72,00
FDA Requirements for cGMP Compliance (2007)	1287	€ 64,00
Risk Management in the Pharmaceutical Industry (2008)	1290	€ 64,00

Herstellung und Qualitätssicherung

Die Qualified Person (2007)	1091	€ 64,00
The Qualified Person (2007)	1291	€ 64,00
GMP-/FDA-Anforderungen an die Qualitätssicherung (2. Auflage in Vorbereitung)	1103	€ 72,76
GMP-/FDA-gerechte Validierung (2. Auflage 2010)	1095	€ 64,00
Analytische Qualitätskontrolle und pharmazeutische Mikrobiologie (2015)	1101	€ 72,76
Gute Hygiene Praxis (2. Auflage 2008)	1092	€ 64,00
Fertigspritzen (2009)	1094	€ 64,00

Computereinsatz

IT-Trends im GxP-Umfeld (2015)	1104	€ 72,76

Biotechnologie

GMP-/FDA-Compliance in der Biotechnologie (2. Auflage 2015)	1100	€ 72,76

Zu beziehen über:

CONCEPT HEIDELBERG	ECV · EDITIO CANTOR VERLAG
Postfach 10 17 64	Bändelstockweg 20
D-69007 Heidelberg	D-88326 Aulendorf
Tel.: +49 (0)6221 84 440	Tel.: +49 (0)8191 97000 358
FAX: +49 (0)6221 844 484	FAX: +49 (0)8191 97000 293
E-Mail: info@concept-heidelberg.de	E-Mail: vertrieb-ecv@de.rhenus.com

Inserentenverzeichnis

In dieser Ausgabe des 'pharma technologie journal' finden Sie Anzeigen folgender Unternehmen: